応用に重点をおいた

確率・統計入門

金川秀也・川崎秀二
堀口正之・矢作由美・吉田 稔
共著

培風館

まえがき

　本書は，確率論と統計データ分析の初歩について，応用を意識してまとめた教科書および参考書である．

　本書の記述の基本方針は「読者フレンドリー」である．想定する読者は，文科系，理科系を問わず，確率論の基本，特に，確率変数や分布について正しく理解し，そのうえで，統計的検定・推定，多変量解析の一つである回帰分析 (予測)，主成分分析 (データの特徴づけ) を学び，これらを応用しようとする方々すべてである．執筆にあたって著者らは，できるだけ数学的な堅苦しい説明をさけ，一方で数学者による記述らしく数学的記号を正しく用い，そのうえで読者の直感的理解の助けとなる図版を多用することを心がけた．読者諸氏も，肩肘をはらずに，広い心で本書を読み進めていただきたい．

　本書の前半の基礎編における初等確率に関する解説は，一つには，後半，応用編の統計分析のための準備であり，その目的に則して前半は初学者にフレンドリーで丁寧な記述とした．さらに，身近な具体例を数多く盛り込みながら，抽象的になりがちな確率の概念をよりわかりやすく解説する．一方で，確率論は，有限のデータ (処理できるデータがいかに膨大であろうとも，それは有限) を扱う統計学とは異なる数学であることを第 1 章から読み取っていただけると，著者らとしては幸甚である．

　後半の応用編で解説する統計的検定・推定は，値を特定したい未知のパラメータ (母平均など) と観測データとの "距離" を測る操作であり，回帰分析，主成分分析は，データの散らばり方や特定の方向・領域への集中の仕方などを分析する手法である．その設定には，データから得られる 分散・共分散行列 が用いられる[1]．端的に述べると，本書で解説する統計分析は，分散・共分散行列に基づい

---

1)　正値対称行列である分散・共分散行列が，データの存在する領域の位相を特徴づけ，(→)

i

たデータの統計分布の考察であるといえる.

　一方で,近年は,データサイエンスとよばれる分野で,機械学習,ニューラルネットワーク,これらに関連して AI (人工知能) などがきわめて活発に研究され,かつ,実社会で応用されている.これらの技術の下地となっているものは,利用可能な大量のデータ (ビッグデータ) と,それを高速で処理するコンピュータである.これらは,ビッグデータに基づいてコンピュータのなかに設定された統計処理のアルゴリズムが,対象データについてのある種の統計分布を構成する技術であると,著者らは理解している[2).ところで,AI に関連する様々な技術を無批判に利用する立場が危険であることは,社会が広く認めるところである.読者には,本書の後半の統計分析に関する記述を十分に理解し,データサイエンスにおいて,表に現れない形で用いられている統計分布の概念を把握されることを期待する.

　なお本書は,前著「理工系学生のための 確率・統計講義」(培風館, 2014) の記述におうところが多い.特に,理工系の学生で,数学的内容をより深く学びたい読者は適宜参考にしてもらいたい.

　まえがきの結びとして,確率論の本質は無限 (可算無限) であり[3),その応用対象は,社会科学ではなくむしろ自然科学であることを注意しておきたい.

　2023 年 5 月

著 者 一 同

(→) データ間の距離を定めているからである.数学的には,より一般に,正値対称作用素 (正しくは,自己共役作用素) は空間を定める.文献 [20], [21] を参照.

　2)　数学的には,位相 (topological space) の生成であり,理論物理学的には,場 (field) の構成である.

　3)　文献 [19],参考文献内で紹介した論文などを参照.

目　　次

ギリシア文字表／記号・略号

大文字	小文字	英語名	
A	α	alpha	アルファ
B	β	beta	ベータ
Γ	γ	gamma	ガンマ
Δ	δ	delta	デルタ
E	ε, ϵ	epsilon	イ (エ) プシロン
Z	ζ	zeta	ゼータ (ツェータ)
H	η	eta	イータ
Θ	θ, ϑ	theta	シータ (テータ)
I	ι	iota	イオタ
K	κ	kappa	カッパ
Λ	λ	lambda	ラムダ
M	μ	mu	ミュー
N	ν	nu	ニュー
Ξ	ξ	xi	グザイ (クシー)
O	o	omicron	オミクロン
Π	π, ϖ	pi	パイ
P	ρ, ϱ	rho	ロー
Σ	σ, ς	sigma	シグマ
T	τ	tau	タウ
Υ	υ	upsilon	ウプシロン
Φ	ϕ, φ	phi	ファイ
X	χ	chi	カイ
Ψ	ϕ, ψ	psi	プサイ
Ω	ω	omega	オメガ

記号・略号

$\mathbb{R}$	real numbers = 実数全体 $(-\infty, \infty)$; なお, $\mathbb{R}_+ = [0, \infty)$
$\mathbb{N}$	natural numbers = 自然数全体 $\{1, 2, \ldots\}$; なお, $\mathbb{N}_0 = \mathbb{N} \cup \{0\}$
$\equiv$	恒等的に等しい
$X \sim F$	X は分布 F に従う. (F は確率分布関数のことも確率密度関数のこともある)
$P(A)$	事象 A の起こる確率
$\mathbb{I}(S)$	定義関数 (indicator function). 集合 S 上で値 1 を, 補集合 S^c 上で値 0 をとる.
$u \simeq v$	数列あるいは関数 u は v に対し次を満たす: $\dfrac{u}{v} \to 1$
$\because$	「なぜならば〜」 簡単な数式の展開等の証明のはじまりを表す.

1

基礎編：確率への入門

　観察や測定などにより「いま考えているデータが ○○ という値をとる」という結果が得られる．この値が常に一定ではなく，測定者や測定回によって変動するというとき，このデータは**ランダム**であるという．ランダムなデータでは一見でたらめな値がでているようでも，その背後には厳然とした規則性があり，ランダムにみえる現象の多くは，この規則性に支配されているということが多い．本章ではまず，高校で既習の組合せの確率について復習しておこう．これは確率論のなかの初等確率としての位置づけになる．次いで，上記のような規則性を記述するための確率論のより一般的な基礎について述べる．

1.1　順列と組合せ

　5 種類のチョコレート A, B, C, D, E から 3 種を選んで，それぞれを赤，青，緑 3 色の皿のうちのいずれかに盛り付ける．1 つの皿には 1 種しか盛り付けないものとすると，何通りの組合せが考えられるだろうか？　赤，青，緑の皿の順にどのチョコレートを盛り付けるか決めていき，何通りあるかを考えてみよう．

　まず，赤の皿への盛り付けとしては $A \sim E$ の 5 通りの選び方がある．その 5 通りのそれぞれの選び方に対し，青の皿として残りの 4 種から選ぶので 4 通りの可能性がある．ここまでで $5 \times 4 = 20$ 通りになったが，その 20 通りの各々に対して，緑の皿には残りの 3 種から選ぶのであるから 3 通りの可能性がある．したがって，チョコレートと皿の組合せは $5 \times 4 \times 3 = 60$ 通りということになる．この $5 \times 4 \times 3$ を，5 つの異なるものから 3 つを選んでつくる **順列** (permutation) の数という．

　一般に，n 個の異なるものから r 個を取り出して並べてつくる順列の数を $_n\mathrm{P}_r$ と表す：

$$_n\mathrm{P}_r = n(n-1)\cdots(n-r+1)$$
$$= (n-0)(n-1)\cdots\big(n-(r-1)\big), \quad r = 1, 2, \ldots, n.$$

また，$n! = n(n-1)\cdots 2\cdot 1 = {_n\mathrm{P}_n}$ $(n \in \mathbb{N})$（ただし $0! = 1$ とする）を **階乗**（factorial）とよぶ．階乗を用いると $_n\mathrm{P}_r$ は

$$_n\mathrm{P}_r = \frac{n!}{(n-r)!}, \quad r = 0, 1, 2, \ldots, n$$

と書ける．$_n\mathrm{P}_0 = 1$ に注意しよう．これを用いると，上記のチョコレートと皿の順列の全パターン数は $_5\mathrm{P}_3 = 60$ ということである．

　異なるものの集まりから何個かを取り出す場合でも，その [組合せパターン] だけにしか関心がない場合も多い．5 種のチョコレートから 3 種を選んでの 3 つの皿に盛る例にしても，皿は後で決めることにして，まずどのチョコレートを選ぶかを決めればよいのならば，5 種からどの 3 種の組合せが選ばれるかに関心があり，選ばれる 3 種の並べ方（どの皿に並べるか）は問題にしない．

　その [組合せパターンの数] を単に [組合せの数] ということにして，これを先に考えた順列の数をもとに考えてみよう．1 つの組合せに何個の順列が対応するかを考える．3 種の選び方（3 種の [組合せパターン]）は $\{A, B, C\}$，$\{B, C, E\}$，$\{A, C, E\}, \cdots$ など複数ある．いま，例えば選んだ 3 種が $\{A, B, C\}$ であるとすると，それを赤，青，緑の皿に並べるには，$ABC, ACB, BAC, BCA, CAB, CBA$ の $6 = 3!$ 通りの順列が対応することになる．この順列の数は他のどの [組合せパターン] に対しても同じである．したがって，5 種から 3 種を選ぶ組合せの数は

$$[\text{組合せの数}] = \frac{[\text{順列の数}]}{[\text{各組合せパターン 1 つの順列数}]}$$

$$= \frac{_5\mathrm{P}_3}{3!} = \frac{5 \times 4 \times 3}{3!} = 10$$

ということになる．[順列の数] では並べ順まで考慮する（並べ順の違いをすべてカウントする）のに対し，[組合せの数] では並べ順は考慮しない（同じ組合せパターンで並べ順のみが異なるものは 1 つのパターンとしてカウントする）ので，その数はずっと少なくなる．

　一般に，n 個の異なるものから r 個を取り出してつくる **組合せ**（combination）の数を $_n\mathrm{C}_r$ と書くと，1 つの組合せパターンに対し $r!$ 通りの並べ方（順列）が

あるので

$$_n\mathrm{C}_r = \frac{_n\mathrm{P}_r}{r!} = \frac{n!}{r!(n-r)!}, \qquad r = 0, 1, 2, \ldots, n$$

という関係式が成り立つ. $0! = 1$ と約束したので, $_n\mathrm{C}_n = {}_n\mathrm{C}_0 = 1$ であること
に注意しよう. なお, $_n\mathrm{C}_r$ を $\binom{n}{r}$ と書くことも多い. まとめると, 次のように
なる:

順列の数と組合せの数

$r = 0, 1, 2, \ldots, n$ に対し

- 順列の数 $_n\mathrm{P}_r = \dfrac{n!}{(n-r)!}$: 組合せパターンの並び順
  の違いをカウントする

- 組合せの数 $_n\mathrm{C}_r = \dfrac{_n\mathrm{P}_r}{r!} = \dfrac{n!}{r!(n-r)!}$: 組合せパターンの並び順
  の違いはカウントしない

□□ **例題** □□ **(二項展開)**

$(a+b)^n$ の展開が

$$(a+b)^n = a^n + na^{n-1}b + {}_n\mathrm{C}_2\, a^{n-2}b^2 + \cdots + nab^{n-1} + b^n$$

$$= \sum_{k=0}^{n} {}_n\mathrm{C}_k\, a^{n-k}b^k \tag{1.1.1}$$

で与えられることを示せ.

$n = 2$ のときのよく知られた公式 $(a+b)^2 = a^2 + 2ab + b^2$ は

$$(a+b)^2 = (a+b)(a+b) = a^2 + ab + ba + b^2$$

という 2 次の積の項 (a または b) $\times$ (a または b) の組合せを総当たりでとること
によって得られていたことを思い出そう. 2 次の積をつくるのに $(a+b)(a+b)$
の前半の $(a+b)$ から a または b を抽出して積へ供出し, 後半の $(a+b)$ から
も a または b を抽出して供出する. そのすべての組合せが網羅されている. 同
様に, $n = 3$ のときの公式 $(a+b)^3 = a^3 + 3a^2b + 3ab^2 + b^3$ も 3 次の積の項の
総当たり

$$(a+b)^3 = (a+b)(a+b)(a+b)$$
$$= a^3 + a^2b + aba + ab^2 + ba^2 + bab + b^2a + b^3$$

によって得られるものである.

【解】 n 次の積

$$(a+b)^n = \overbrace{(a+b)(a+b)\cdots(a+b)}^{n 個}$$

の右辺の各 $(a+b)$ から a または b を抽出して供出することで n 次の積の項を
つくり，それらの項を網羅する．各項は，n 個のうち b が k 個抽出される場合，
$a^{n-k}b^k$ の形である．これと同じ n 次の項がいくつあるか，そのパターン数は
「n 枚のカードの並び位置から k 枚を抽出する」やり方と同じ組合せ数だけある.
すなわち，$a^{n-k}b^k$ が総当たりの組合せのなかで ${}_nC_k$ 個含まれている．このよ
うな各 n 次の項を $k=0$ から $k=n$ まですべてカウントしたものが (1.1.1) で
ある.   □

コイン投げやサイコロ投げ，カード選びなどのように，実験や観測を行って得ら
れる結果を **事象** (event) という．一般に実験や観測では，様々な結果の起こる可
能性に対応して，多数の事象からなる集合事象を想定している．しかも，次にどの
ような結果が得られるか事前に確定的なことはわからない．そのようなランダム
な事象について調べるために上記のような実験や観測を行うことを **試行** (trial)
という．試行の結果得られる値を **標本値** (sample) という．複数回の試行を実
施するとき，各回の試行の条件がまったく同じでかつ，各回の試行の結果が他の
回に影響を及ぼさないと考えられるならば，特に **独立試行** (independent trials)
という.

◎**例 1.1.** 7 枚のカードがあり，それぞれに $1, 2, \ldots, 7$ の番号が 1 つ書いてあ
るとする．この中からカードを 3 枚引いて並べるやり方，および 3 枚選ぶやり
方はそれぞれ

$$ {}_7P_3 = 7 \times 6 \times 5 = 210 \text{ 通り}, $$

$$ {}_7C_3 = \frac{7!}{3!(7-3)!} = \frac{7 \times 6 \times 5}{3 \times 2 \times 1} = 35 \text{ 通り} $$

となる.

　なお，カードを 1 枚引いては戻すことを繰り返して 1 枚目の番号から 3 枚目の番号までを記録した場合の 3 つの数の組合せパターンは，並び順を考慮する場合 $7^3 = 343$ 通り，考慮しない場合は 84 通り[1]となる．このように，引いたものをもとに戻して続ける試行を**復元抽出**といい，もとに戻さずに続ける試行を**非復元抽出**という．これらの結果は一般に異なることに注意されたい．　　　□

◎**例 1.2.** 車の車種 3 種にある部品を組み込んで性能テストをする．6 社の部品が 1 個ずつあり，これらを試すとすると組合せパターンは $_6\mathrm{P}_3 = 6 \times 5 \times 4 = 120$ 通りある．また，選んだ 3 社の部品それぞれで必ず 3 車種すべての性能テストを実施するものとすると，6 社の部品からどの 3 社の部品を選ぶかというパターン数だけの問題となり，そのパターン数は $_6\mathrm{C}_3 = 20$ 通りである．　　　□

◎**例 1.3.** 男性 10 人，女性 8 人がマッチングアプリでペアを組むとする．ペアの組み方の可能性はすべて平等であるとすると，マッチングのパターンは $_{10}\mathrm{P}_8 = 1814400$ 通りある．また，まずは男性 10 人のうちから 8 人を選び出すとすると，その選び方は $_{10}\mathrm{C}_8 = 45$ 通りである．　　　□

◎**例 1.4.** 袋の中に赤玉 10 個，白玉 5 個が入っているとする．袋から無作為に 10 個取り出すとき，取り出した (赤，白) の個数の組合せパターンは

$$(10,0), (9,1), (8,2), (7,3), (6,4), (5,5)$$

の 6 パターンである．もし赤玉に 赤 1，赤 2，$\cdots$ と番号を付け，白玉に 白 1，白 2，$\cdots$ と番号を付けてあるならば，それぞれの個数の組合せパターンは $_{10}\mathrm{C}_{10} \times {}_5\mathrm{C}_0 = 1$ 通り，$_{10}\mathrm{C}_9 \times {}_5\mathrm{C}_1 = 50$ 通り，$_{10}\mathrm{C}_8 \times {}_5\mathrm{C}_2 = 450$ 通り，$\cdots$ のようになる．　　　□

1.2　初等確率としての組合せの確率 ─────────

　次に，組合せの確率を考えよう．トランプ札 52 枚から 6 枚を無作為に取り出したとき，6 枚ともダイヤである確率を求めてみよう．52 枚から 6 枚を取り出すとき，手の札の並べ方は考慮しないので，組合せの問題として考えることになる．すると 6 枚の組合せパターンは $_{52}\mathrm{C}_6$ 通り考えられるが，それらの起こりや

---

　1)　(選んだ 3 つがいずれも異なるパターンの 35 通り) ＋ (選んだ 3 つのうち 2 つが同じであるパターンの $7 \times 6 = 42$ 通り) ＋ (選んだ 3 つとも同じであるパターンの 7 通り) ＝ 84 通り．

すさの可能性はどれも同等と考えられるから，それぞれの組合せパターンを選ぶ確率としては，等しく

$$\frac{1}{{}_{52}\mathrm{C}_6}$$

ずつの確率をもつことになる．あとは，6 枚ともダイヤという組合せが何通りあるかがわかればよい．これはダイヤ 13 枚の中から 6 枚を取り出す組合せの数 ${}_{13}\mathrm{C}_6$ で与えられる．したがって求める確率は，[組合せパターン数] を [組合せの数] とよんだことを思い出して

$$[\text{組合せの確率}] = [\text{組合せの数}] \times [\text{組合せパターン 1 つの確率}]$$

$$= {}_{13}\mathrm{C}_6 \times \frac{1}{{}_{52}\mathrm{C}_6} = \frac{13!}{6!(13-6)!} \times \frac{6!(52-6)!}{52!}$$

$$= \frac{13 \times 12 \times 11 \times 10 \times 9 \times 8}{6!} \times \frac{6!}{52 \times 51 \times 50 \times 49 \times 48 \times 47}$$

$$= \frac{33}{391510} \fallingdotseq 8.429 \times 10^{-5}$$

となる．ここで重要なのは，すべての組合せが同等に起こりやすく，[組合せパターン 1 つの確率] が共通の値，つまり等確率であるということである．したがって，[組合せの確率] を求める際には，[組合せの数] をうまく数え上げることが問題になる場合が多い．まとめると：

組合せの確率

> [組合せの確率] ＝ [組合せの数] × [組合せパターン 1 つの確率].

◎**例 1.5.** 上記の例 1.4 において，組合せパターンの確率を考えよう．袋から無作為に 1 つの玉を取り出すことを 2 回繰り返すとき，{赤, 赤} となる確率および {白, 白} となる確率は，復元抽出の場合にはそれぞれ

$$(10 \times 10) \times \frac{1}{15 \times 15} = \frac{4}{9}, \qquad (5 \times 5) \times \frac{1}{15 \times 15} = \frac{1}{9}$$

である．   □

◎**例 1.6.** 集積回路の不具合が 1 ロット 40 個中に 5 個あるとする．1 ロットから 10 個取り出すとき，2 個以上不具合のものが含まれる確率を求めると，10 個

の組合せパターン 1 つの確率は $\dfrac{1}{_{40}\mathrm{C}_{10}}$ であるから

$$1 - \big[(\text{不具合 0 個の確率}) + (\text{不具合 1 個の確率})\big]$$

$$= 1 - \frac{1}{_{40}\mathrm{C}_{10}} \times \big(\, _{35}\mathrm{C}_{35} \times {}_5\mathrm{C}_5 + {}_{35}\mathrm{C}_{34} \times {}_5\mathrm{C}_1 \,\big)$$

$$= \frac{353}{962} = 0.3669$$

となる. □

□□ **例題** □□ **(誕生日のパラドックス)** _____

40 人のクラスで同じ誕生日の生徒のペアが存在する確率を求めよ. ただし, 1 年= 365 日とし, どの誕生日も平等な確率 $\left(\frac{1}{365}\right)$ であるとする.

_____

【解】 まず素朴に計算してみると, ある 1 人目からはじめて, 2 人目が 1 人目と異なる誕生日である確率は $\left(1 - \frac{1}{365}\right)$, 3 人目が最初の 2 人と異なる確率は $\left(1 - \frac{2}{365}\right)$, $\cdots$ であるから, 40 人の中で同じ誕生日の生徒のペアが存在しないという事象[2]の確率を考えると

$$(\text{ペアが存在する確率}) = 1 - (\text{ペアが存在しない確率})$$

$$= 1 - \left(1 - \frac{1}{365}\right) \cdot \left(1 - \frac{2}{365}\right) \cdot \cdots \cdot \left(1 - \frac{39}{365}\right)$$

$$\fallingdotseq 0.8912 .$$

一方, 組合せパターンの数え上げを用いて考えると, このペアが存在しない事象の確率は, 40 人が 365 日中すべて異なる誕生日をとっている確率が $\left(\frac{1}{365}\right)^{40}$ であるから

$$(\text{ペアが存在しない確率}) = \left(\frac{1}{365}\right)^{40} \times {}_{365}\mathrm{C}_{40} \times 40! .$$

右辺では, 40 人が 365 日中すべて異なる誕生日をとっているパターンとして, 365 日のうちのどの 40 日の配置の組合せをとるか, および選ばれた 40 日の 1 パターンごとに 40 人を一人ずつ並べて当てはめる順列をカウントしている. したがって, 求める確率は

$$1 - \left(\frac{1}{365}\right)^{40} \times {}_{365}\mathrm{C}_{40} \times 40! \fallingdotseq 0.8912$$

_____

[2] 後述の言葉を使っていえば, 同じ誕生日の生徒のペアが存在するという事象の**余事象**である.

と，上記と同じ値が得られる．ゆえに，40 人のクラスでは 89 ％の確率で同じ誕生日のペアが存在することになる．これは案外高い確率という気がしないだろうか？

　この問題が "誕生日のパラドックス" とよばれる所以は，クラスの「ある 1 人」と同じ誕生日の生徒がいる確率が小さいことに対し，それと同様に上記の確率があまり変わらず小さいであろうとイメージしてしまうという点にある．一方，「ある 1 人」と同じ誕生日の生徒がいる確率は，

$$1 - \left(1 - \frac{1}{365}\right)^{39} \fallingdotseq 0.1258$$

と，上記の確率に比べだいぶ小さいことがわかる．この例では「365 日のうちのある特定の日ではなく，どの日で同じ誕生日となってもよい」ということで，数え上げるパターンが大幅に増えた事象の確率となっている．　　　　　　□

1.3　確率の一般的な基礎への導入：確率とは —————————

　簡単な例からはじめよう．公平なコインを投げて「表」が出るか「裏」が出るかを観察するとする．どちらも起こりうるし，しかもその 2 つの可能性は同じと考えられるであろう．投げた際には実際にどちらかが起こるわけだが，投げる前にはどちらが起こるか確定的なことは誰にもわからない[3]．「表」が出る場合もあれば，「裏」が出る場合もある，いい換えれば

　　　異なる **場合** に応じて異なる結果が起こる ——**ランダム**な事象　　(1.3.1)

である．

　確定的なことは何もいえないというのなら，コイン投げに関して何も法則性的なことを記述できないのだろうか．答は，そうではない．例えば，射的において的に当たるか否かを断言することはできないが，それでも的が大きいほど的に当たる可能性が高いはずである．また，スポーツの試合において，初心者は対戦相手の技量が高いほど勝てる可能性が低いはずである．このような例は枚挙に暇がない．

———————————

3)　もちろん，予想はできるがそれは確定的ではない．そもそも，予想は個人の主観的評価であり客観的評価ではない．

いま，コイン投げにおいて起こる結果 {「表」が出る,「裏」が出る} をとる値を {「表」,「裏」} と表すことにしよう．すると，

> とる値 自体については確定的なことはいえないが，
>
> 場合 についての法則性を記述することはできる； (1.3.2)
>
> それは確定的である

ということである．その法則性は，

$$
\begin{aligned}
&(\text{「表」が出る場合}) \text{の可能性} = 50\,\%, \\
&(\text{「裏」が出る場合}) \text{の可能性} = 50\,\%
\end{aligned}
\tag{1.3.3}
$$

と記述をするものである．毎回のコイン投げで，あくまでとる値は確定的でないが，その法則性は (1.3.3) のように厳然と定まっている．いまの例では，この 2 つの場合をあわせれば 100 ％ で，実質的にはすべての場合を網羅している．この「可能性」のことを **確率** (probability) という．確率の記号 P およびとる値を表す変数 X を使うと，(1.3.3) は

$$
P(X = \text{「表」}) = \frac{1}{2}, \qquad P(X = \text{「裏」}) = \frac{1}{2}
\tag{1.3.4}
$$

のように表される．逆にいうと，確率とは「可能性」を数量化したものであり[4]，それによって特に「可能性」の大小関係が与えられる．それが，とる値の傾向性を規定することにつながり，「○○の値をとる可能性が最も高い」「△△の値をとる可能性は□□の値をとる可能性の 2 倍ある」といった定量的，客観的記述を与えることになる．

すなわち，(1.3.2) は，1 つひとつのとる値を議論の対象にするのではなく[5]，どのような値をとるかの傾向性 (＝**確率法則**) を議論の対象とするということである．また，とる値について確定的なことをいおうとしたら，それは必ずとる値は何かということであり，「「表」または「裏」のいずれか」としかいえず，これでは何の情報も与えられない．意味ある情報を与えるのは，"とる値の傾向性 ＝ **確率法則**" である．それは「○○の値をとる可能性は 55 ％，△△の値をとる可能性は 30 ％，□□の値をとる可能性は 15 ％」などのように記述することである．

---

4) 客観的な数量化である．

5) 実際，1 つひとつのとる値は **標本 (サンプル) 値** というよび方をする．

1.4　事象と確率

　実験や測定を行ったときに起こりうる様々な結果を **事象** というのであった．事象のうち，最小単位のものを **根元事象** (elementary event) という．根元事象全体の集合を **標本空間** (sample space) といい，Ω で表す．事象は標本空間の部分集合である．

　事象に対して確率を定義するのであるが，簡単な事象からその組合せでつくられる複雑な事象まで，様々な事象を考えられるようにしておく．そのために事象に対して集合演算を用いる．

> ### 和事象／積事象／余事象など
>
> 　事象 A, B に対して
>
> - 「いずれか少なくとも一方が起こる」という事象を **和事象** (union event) といい，$A \cup B$ と表す．(合併／結合ともいう)
>
> - 「両方が同時に起こる」という事象を **積事象** (product event) といい，$A \cap B$ と表す．(共通部分ともいう)
>
> - 「A が起こらない」という事象を A の **余事象** (complementary event) といい，A^c と表す．
>
> - 「A は起こるが B は起こらない」という事象を A の **差事象** (difference event) といい，$A \backslash B$ と表す．
>
> - 「同時に起こることはない」とき，A, B は **排反** である (disjoint) という．
>
> - 「A が起こるときには自動的に B も起こる」とき，A は B の **部分事象** である (subevent) といい，$A \subset B$ と表す．

　より一般に，事象の有限列または無限列 $A_1, A_2, \ldots$ に対して，和事象および積事象をそれぞれ

$$\bigcup_{i=1}^{n} A_i \quad \text{あるいは} \quad \bigcup_{i=1}^{\infty} A_i, \qquad \bigcap_{i=1}^{n} A_i \quad \text{あるいは} \quad \bigcap_{i=1}^{\infty} A_i$$

のように表す．

　典型的な事例として，A_n が「n 回目に○○が起こる」あるいは「n 個目に○

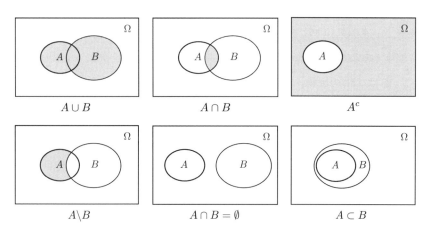

図 1.1　上段左から和事象，積事象，余事象；下段左から差事象，排反事象，部分事象

○ が成り立つ」事象であるとすると，

$$\text{和事象}\ \bigcup_n A_n = \text{「いつか ○○ が成り立つ」事象}$$

であり，それはまた数学の論理形式でいうと

$$= \text{「○○ が成り立つような } n \text{ が存在する」事象}$$

ということができる．同様に，

$$\text{積事象}\ \bigcap_n A_n = \text{「常に ○○ が成り立つ」事象}$$

$$= \text{「任意の } n \text{ に対し ○○ が成り立つ」事象}$$

である．

◎**例 1.7.**　(1)　A_n をコイン投げの n 回目に「表」が出る事象とすると，A_n の和事象 $\bigcup_{n=1}^{50} A_n$ は「50 回のうちどこかで「表」が出る」事象である．また，A_n を n 日後に雨が降る事象とすると，A_n の和事象 $\bigcup_{n=1}^{30} A_n$ は「向こう 30 日間でいつか雨が降る」事象である．

　(2)　A_n をサイコロ投げの n 回目に 4 以上の目が出る事象とすると，A_n の積

事象 $\bigcap_{n=1}^{5} A_n$ は「5 回とも 4 以上の目が出る」事象である．また，A_n を n 番目
の地域で感染症の新規感染者数が 100 人以上である事象とすると，A_n の積事象
$\bigcap_{n=1}^{40} A_n$ は「40 の値域いずれも新規感染者数が 100 人以上となる」事象である．

□

　和事象や積事象について考えにくいときには，それらの余事象の側から考える
と考えやすい場合がある．以下のド・モルガン (de Morgan) の法則は，そのよ
うな場合に和事象や積事象の余事象がどう与えられるかを示したものである．

命題 (ド・モルガンの法則)

　事象 A, B について一般に，次が成り立つ：
$$(A \cap B)^c = A^c \cup B^c,$$
$$(A \cup B)^c = A^c \cap B^c.$$

　また，事象の列 $A_1, A_2, \ldots$ (有限または無限) に対して，次が成り立つ：
$$\left(\bigcap_{n \geq 1} A_n \right)^c = \bigcup_{n \geq 1} A_n^c,$$
$$\left(\bigcup_{n \geq 1} A_n \right)^c = \bigcap_{n \geq 1} A_n^c.$$

　証明は，事象 A, B については以下のベン (Benn) 図 1.2 より明らかである．
事象の列 $A_1, A_2, \ldots$ については，$\bigcap_{n \geq 1} A_n = A_1 \cap \left(\bigcap_{n \geq 2} A_n \right)$ などとして事象
A, B についての関係を繰り返し適用すればよい．

　注意 1.1　事象はしばしば，「○○の起こる事象」あるいは「××の成り立つ事象」と
いう形で述べられるが，これは「××が成り立つ」といった命題論理との 1 対 1 対応を
与える．積事象 $A \cap B$ も論理としては「A かつ B が成り立つ」ということであり，和
事象 $A \cup B$ は「A または B が成り立つ」ということである．これは，論理演算が集合
演算と完全に対応しているからであり，集合演算という数学の演算の俎上に載せたという
ことでもある[6]．

---
　6)　和事象，積事象，余事象はそれぞれ，論理演算でいう論理和，論理積，否定に対応する．

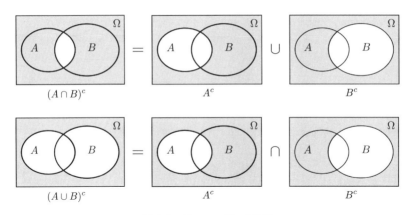

図 1.2 ド・モルガンの法則

一般の確率について考えるにあたり，まず 1.2 節の組合せの確率を思い出そう．ランダムな量を観測した結果に関するあらゆる事象のなかで，

$$\text{「必ず起こる事象」の確率} = 1,$$
$$\text{「絶対に起こらない事象」の確率} = 0$$

と定めることにしよう．

例えば，コイン投げでは「表」か「裏」のいずれかが必ず出るので，事象 $\{X = \text{表}\} \cup \{X = \text{裏}\}$ が起こる確率は 1 である．コイン投げで「猫」が出ることは絶対にないので，事象 $\{X = \text{猫}\}$ が起こる確率は 0 である．

そうして，これら両極端のあいだの様々な起こりうる事象 $A (\subset \Omega)$ (起こる可能性も起こらない可能性もある事象) の確率を，起こる可能性の度合いを数量化したものとして

$$\text{割合}: \quad \frac{|A|}{|\Omega|} \tag{1.4.1}$$

で定め，$P(A)$ と表すことにしよう[7]．このとき，もちろん $P(A)$ は一般に $0 \leqq P(A) \leqq 1$ の実数値である[8]．1.2 節の組合せの確率では，$\frac{1}{|\Omega|}$ が組合せパターン 1 つひとつの共通の確率であり，$|A|$ が組合せパターンの数であっ

---

7) $|A|$ は一般に集合 A の要素の個数を表すが，いまの場合それは事象 A を構成する根元事象の数になる．

8) より正確にいうと，有理数値．

た．もちろん，一般の確率を考えるにおいて，根元事象がすべて等確率というのは限定的な状況にしか対応していない．しかもこの割合を用いた定義は，$|\Omega|$ が有限の場合にしか適用できない．

◎**例 1.8.** (1) ある地域の天気について，$\Omega = \{$「晴れ」，「曇り」，「雨」，「その他」$\}$ とし，6 月のデータでは「晴れ」が 30 %，「曇り」が 20 %，「雨」が 40 %，「その他」が 10 % であるというとき，これらは等確率の根元事象ではない．

(2) 大気中の窒素，酸素などの成分の分子数は実質上無限と考えてよいほどの膨大な数であるが，分子数を数え上げたうえで成分比をとるようなことはせずとも，成分比は窒素 78.08 %，酸素 20.95 %，アルゴン 0.93 %，二酸化炭素 0.03 % などが知られている．つまり，全体 100 % に対する割合が実数列（$\subset [0,1]$）として与えられている． □

上記をふまえ，より一般的な状況に適用できる確率の形式として，数列 $\{p_k\}_{k \in \mathbb{N}}$（$\subset [0,1]$，$\sum_{k=1}^{\infty} p_k = 1$）により与えられるものを考えることができる：

事象 $\{\omega_1, \omega_2, \dots\}$ に対し，　$P(\omega_1) = p_1, \ P(\omega_2) = p_2, \ \dots.$

ただし，事象 $\{\omega_k\}$ の起こる確率を $P(\omega_k)$ と表した．こうして，事象 A の確率として

$$P(A) = \sum_{k:\ \omega_k \in A} p_k, \quad A \subset \Omega \tag{1.4.2}$$

をとればよいであろう．もちろん，$p_k \equiv \dfrac{1}{|\Omega|}$ とすれば，事象 $\{\omega_k\}$ が有限の場合の組合せの確率の形式を含んでいることがわかる．

ひとまずこれで，有限事象の組合せの確率の形式からは脱却できたのであるが，もう一つ対応すべき状況がある．

◎**例 1.9.** 身長や体重のデータは実数値と考えてよいであろう．このようなデータはしばしば度数分布表を用いて表される．つまり，身長の値を X [cm] としたとき，

階級 $C_1 : 120 \leqq X < 125$ [cm]，階級 $C_2 : 125 \leqq X < 130$ [cm]，$\cdots$

などが設定されて，もとのデータが各階級に仕分けされ，各階級に属する人の割

合を与えることができる.

このような場合, 仮に身長の測定桁数を小数第 10 桁まで増やして測定できるとして, それにより個人が特定できるような詳細な測定値を得たとすると, その身長値をもつ人はその人 1 人だけとなる. すなわち, その身長値 (実数値のなかの 1 点の値) をもつ人の割合はいくらか? ということを考えることは不可能ではないが, あまり意味がないであろう. 母集団が大きくなるとその身長値をもつ人の割合はほぼ 0 となってしまうし, 組合せの確率のように一般に等確率にもならない. しかしそれ以上に, どれくらいの身長値の人の割合が最も高いかなどの統計情報にならない. 階級に幅をもたせてある度数分布でもとのデータを眺めるからこそ, データの全体像を大まかに把握する一つの手段となる. 身長や体重に限らず, このような実数値の測定値をとるデータは多数ある.　　　　　□

このような考察は, 実数連続値のデータに対する確率をどう考えたらよいかということに対する示唆を与える. 上記からは, 1 点での確率ということを考えるのではなく, ある区間の範囲の値をとる確率ということを考えたほうがよさそうである. ただ, その都度指定されたあらゆる区間の確率を考えることができるようになっているべきであろう. このことは, 後に 1.6 節において, 連続確率変数とその分布として述べる. いまは, ここまでの考察に基づいて, いずれのデータに対しても共通の, 最低限の必要な定義をしておくことにしよう.

確　率

事象の実数値関数 P が次の性質を満たすとする:

(i) 任意の事象 $A \, (\subset \Omega)$ について, $0 \leqq P(A) \leqq 1$,

(ii) $P(\Omega) = 1$,

(iii) $A_1, A_2, \ldots$ が互いに排反ならば $P\left(\bigcup_{i=1}^{\infty} A_i \right) = \sum_{i=1}^{\infty} P(A_i)$.

このとき P を **確率** (probability) といい, $P(A)$ を事象 A の確率という.
(i)–(iii) は **確率の公理** とよばれる.

すなわち, 確率 P は各事象 A の関数として, 区間 $[0, 1]$ の値をとる (図 1.3 参照).

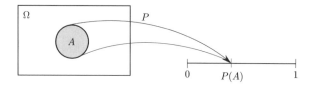

図 1.3 確率 P は事象 A から区間 $[0,1]$ への関数

命題 (確率についての基本的な関係式)

確率 P は一般に，次の関係式を満たす：

(1) $P(A^c) = 1 - P(A)$

(2) $P(A \backslash B) = P(A) - P(A \cap B)$

(3) $P(A \cup B) = P(A) + P(B) - P(A \cap B)$

(4) $A \subset B \implies P(A) \leqq P(B)$

証明 (1) は $A \cup A^c = \Omega$, $A \cap A^c = \emptyset$ と (iii), (ii) から $P(A) + P(A^c) = P(\Omega) = 1$ によりわかる．

(2) は同様に，$A = (A \backslash B) \cup (A \cap B)$, $(A \backslash B) \cap (A \cap B) = \emptyset$ よりわかる．

(3) は，もし $A \cap B = \emptyset$ ならば $P(A \cap B) = 0$, つまり $P(A \cup B) = P(A) + P(B)$ として成り立っている．一方，$A \cap B \neq \emptyset$ ならば $A \cup B = (A \backslash B) \cup B$, $(A \backslash B) \cap B = \emptyset$ であり，(2) より

$$P(A \cup B) = P(A \backslash B) + P(B) = P(A) - P(A \cap B) + P(B)$$

となる．

(4) は，$B = A \cup (B \backslash A)$, $A \cap (B \backslash A) = \emptyset$ だから $P(B) = P(A) + P(B \backslash A) \geqq P(A)$ よりわかる． ∎

(3) より，特に

$$P(A \cup B) \leqq P(A) + P(B) \tag{1.4.3}$$

がわかる．より一般に，事象の有限列あるいは無限列 $A_1, A_2, \dots$ に対し

$$P\Big(\bigcup_n A_n\Big) \leqq \sum_n P(A_n) \tag{1.4.4}$$

が成り立つ．(1.4.4) の証明は，$\bigcup_n A_n = A_1 \cup \big(A_2 \cup A_3 \cup \cdots\big)$ などとして (1.4.3)

を繰り返し適用すればよい．また，(4) より，事象 A よりも明らかに起こりやすい事象 B に対しては，より高い確率が付与されることがわかる．

◎**例 1.10.** 公平なコインを 1 回投げる試行では，$\Omega = \{\omega_1, \omega_2\}$，ただし $\omega_1 = \{\lceil$表」が出る$\}$, $\omega_2 = \{\lceil$裏」が出る$\}$ と考えられる．そうして，

$$P(\omega_1) = \frac{1}{2} = P(\omega_2)$$

である．

2 回投げる試行では，$\Omega = \{\omega_1, \omega_2, \omega_3, \omega_4\}$，ただし $\omega_1 = \{(\lceil$表」,「表」) が出る$\}$, $\omega_2 = \{(\lceil$表」,「裏」) が出る$\}$, $\omega_3 = \{(\lceil$裏」,「表」) が出る$\}$, $\omega_4 = \{(\lceil$裏」,「裏」) が出る$\}$ と考えられる．そうして，$P(\omega_i) = \frac{1}{4}$ $(i = 1, \ldots, 4)$ であり，$A = \{1$ 回以上「表」が出る$\}$ とすると

$$P(A) = P(\omega_1 \cup \omega_2 \cup \omega_3) = \frac{3}{4}$$

である． □

◎**例 1.11.** 公平なサイコロを 1 回投げる試行では，$\Omega = \{\omega_i \,|\, i = 1, \ldots, 6\}$，ただし $\omega_i = \{i$ の目が出る$\}$ と考えることができる．そうして，$P(\omega_i) = \frac{1}{6}$ $(i = 1, \ldots, 6)$ である．$A = \{$偶数の目が出る$\}$ とすると，

$$P(A) = P(\omega_2 \cup \omega_4 \cup \omega_6) = P(\omega_2) + P(\omega_4) + P(\omega_6) = \frac{3}{6} = \frac{1}{2}$$

である．

2 回投げる試行では，$\Omega = \{\omega_{ij} \,|\, i, j = 1, \ldots, 6\}$，ただし $\omega_{ij} = \{(i, j)$ の目の組合せが出る$\}$ と考えられる．そうして，$P(\omega_{ij}) = \frac{1}{36}$ $(i, j = 1, \ldots, 6)$ であり，

$$P(\text{目の和が 11 以上である}) = P(\omega_{56} \cup \omega_{65} \cup \omega_{66}) = \frac{3}{36}$$

である． □

◎**例 1.12.** 袋の中に赤玉 2 個と白玉 20 個が入っているとする．1 回に 1 個ずつ無作為に取り出しては袋に戻す復元抽出を繰り返すとし，事象 $A_n = \{n$ 回目に赤玉が出る$\}$ とする．この抽出を 10 回繰り返すとき，何回目かで赤玉が出る確率は

$$P\left(\bigcup_{n=1}^{10} A_n\right) = 1 - P\left(\left(\bigcup_{n=1}^{10} A_n\right)^c\right)$$

$$= 1 - P\Big(\bigcap_{n=1}^{10} A_n^c\Big)$$

$$= 1 - \Big(\frac{20}{22}\Big)^{10}$$

となる．ただし，1 行目で命題の (1) を，2 行目でド・モルガンの法則を使った．
3 行目では，10 回のうち赤玉が 0 回，白玉が 10 回出るようなパターンの組合せ
の確率として，

$$[\text{組合せの数}] \times [\text{組合せパターン 1 つの確率}] = {}_{10}\mathrm{C}_{10}\Big(\frac{2}{22}\Big)^{0}\Big(\frac{20}{22}\Big)^{10}$$

を使った．この 3 行目の計算については，事象の独立性という観点でより一般
的な考え方が次節で与えられる．   □

1.5 条件付き確率と事象の独立性

確率の計算を，様々な意味で「仕分け」して行う際に，次の条件付き確率を用
いる．

条件付き確率

$P(A) > 0$ のとき，

$$\frac{P(A \cap B)}{P(A)} \tag{1.5.1}$$

を，事象 A が起こったという条件の下で事象 B の起こる **条件付き確率**
(conditional probability) といい $P(B|A)$ と書く．

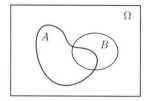
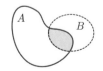

図 1.4 標本空間 Ω の中の事象 A, B (左)，および事象 A に限定したもと
での事象 B (右)

条件付き確率を理解するには，単純な事象 B の起こる確率 $P(B)$ が全確率 $P(\Omega) = 1$ に対する割合であったことを思い起こすとよい：

$$P(B) = \frac{P(B)}{P(\Omega)} = \left(\begin{array}{l} \text{全確率 1 のうち，事象 } B \text{ の} \\ \text{起こる割合} \end{array} \right).$$

それに対し，条件付き確率 $P(B|A)$ は，事象 A の起こる確率 $P(A)$ に対する割合である[9]：

$$P(B|A) = \frac{P(B \cap A)}{P(A)} = \left(\begin{array}{l} \underline{P(A) \text{ のうち，}} \text{事象 } B \text{ の} \\ \text{起こる割合} \end{array} \right).$$

(1.5.1) より，次の**確率の連鎖律**がわかる：

$$P(A \cap B) = P(B|A)P(A) \tag{1.5.2}$$
$$= \text{まず } A \text{ が起こり，次いでさらに } B \text{ が起こるという確率.}$$

これは，「事象 A を**因**として，**果**である事象 B が起こる確率」のように解釈することもできる．(1.5.2) を繰り返し適用することで，3 つの事象 A, B, C についても連鎖律の成り立つことがわかる．例えば，$A \cap B \cap C = A \cap (B \cap C)$ と思えば

$$P(A \cap B \cap C) = P(A|B \cap C)P(B \cap C)$$
$$= P(A|B \cap C)P(B|C)P(C).$$

同様に，n 個の事象についても連鎖律が成り立つ．

特に $P(B|A) = P(B)$ となる場合，事象 B の起こり方は事象 A の影響を受けていない状況を表す．この場合は，

$$P(B|A) = \frac{P(A \cap B)}{P(A)} = P(B)$$

より

$$P(A \cap B) = P(A)P(B)$$

で，これが成り立つとき，事象 A と B は**独立** (independent) であるという．

---

9)　条件付き確率の定義からあらためて考えると，$P(B) = \dfrac{P(B)}{P(\Omega)}$ は，条件付き確率の定義で A を Ω としたものである：$P(B) = \dfrac{P(B \cap \Omega)}{P(\Omega)}$. つまり，通常の確率は条件付き確率の特別な場合でもある．

◎**例 1.13.** 袋の中に赤玉 10 個と白玉 5 個が入っているとする．袋から無作為に 1 つの玉を取り出すことを 2 回繰り返すとき，{赤, 赤} と出る確率を求めよ．ただし，1 回目に取り出した玉は袋へ戻さないものとする．

【**解**】 $R_1 = \{1\text{ 回目は赤玉}\}, R_2 = \{2\text{ 回目は赤玉}\}$ とすると，1 回目の抽出前には玉は全部で 15 個，1 回目の抽出後には玉は全部で 14 個になっているから

$$P(\{\text{赤}, \text{赤}\}) = P(R_1 \cap R_2)$$
$$= P(R_2|R_1)P(R_1) = \frac{9}{14} \times \frac{10}{15} = \frac{3}{7}.$$

　このように非復元抽出の場合には，1.2 節の例 1.5 と異なり，1 回目の抽出結果が 2 回目に影響を及ぼすので，一般に条件付き確率で考えることになる．1 回目の結果に基づいて 2 回目の結果が限定される．　　　　　　　　　　　　□

◎**例 1.14.** がん患者の 90 ％ に対し陽性反応を示し，がんでない人にも 5 ％ の割合で陽性反応を示す試薬がある．ある病院には 2 ％ のがん患者が入院している．この病院の患者を無作為に選んで試薬を投与したところ，陽性反応を示した．この患者が真のがん患者である確率を求めよ．

【**解**】 事象 A, B を $A = \{\text{がん患者である}\}, B = \{\text{陽性反応を示す}\}$ とすると，まず

$$P(B) = P(A \cap B) + P(A^c \cap B)$$
$$= P(B|A)P(A) + P(B|A^c)P(A^c)$$
$$= 0.9 \times 0.02 + 0.05 \times 0.98 = 0.067,$$

よって，

$$P\left(\begin{array}{c}\text{陽性反応の人が実際に}\\\text{がん患者である}\end{array}\right) = P(A|B)$$
$$= \frac{P(A \cap B)}{P(B)} = \frac{P(B|A)P(A)}{P(B)}$$
$$= \frac{0.018}{0.067} = 0.2687\,(26.8\,\%).$$

これは案外低い確率ではないだろうか．$P(A)$ および $P(A^c)$ はあまり動かせる値ではないであろうから，この確率を高めるには，がんである人が陽性となる確率 $P(B|A)$ をなるだけ大きくし，がんでない人が陽性となる確率 $P(B|A^c)$ をなるだけ小さく抑えるようにすることになる．　　　　　　　　　　　　□

事象の独立性を n 個の事象も含めてあらためて述べる.

事象の独立性

(1) 2つの事象 A, B について
$$P(A \cap B) = P(A)P(B) \tag{1.5.3}$$
が成り立つとき, **事象 A と B は独立である** (independent) という.

(2) n 個の事象 $\{A_1, A_2, \ldots, A_n\}$ に対し, 任意の部分集合 $\{A_{i_1}, A_{i_2}, \ldots, A_{i_r}\}$ $(i_1, \ldots, i_r \in \{1, \ldots, n\})$ について
$$P(A_{i_1} \cap A_{i_2} \cap \cdots \cap A_{i_r}) = P(A_{i_1})P(A_{i_2}) \cdots P(A_{i_r}) \tag{1.5.4}$$
が成り立つとき, **事象 $\{A_{i_1}, A_{i_2}, \ldots, A_{i_r}\}$ は独立である** という.

命題 (余事象の独立性)

n 個の事象 $\{A_1, A_2, \ldots, A_n\}$ が独立ならば, $B_i = A_i$ または A_i^c とおいて得られる n 個の事象 $\{B_1, B_2, \ldots, B_n\}$ も独立となる.

証明 $n = 2$ として, 事象 A, B について示す.
$$P(B) = P(A \cap B) + P(A^c \cap B) = P(A)P(B) + P(A^c \cap B)$$
より, $P(A^c \cap B) = \big[1 - P(A)\big]P(B) = P(A^c)P(B)$ がわかる. A と B を入れ換えれば $P(A \cap B^c) = P(A)P(B^c)$ がわかり, B と B^c を入れ換えれば $P(A^c \cap B^c) = P(A^c)P(B^c)$ もわかる. 一般の n 個の事象については, この議論を繰り返せばよい. ∎

□□ **例題** □□ **(n 個の和事象の確率)**

$\{A_1, A_2, \ldots, A_n\}$ が独立で, $P(A_k) = p_k$ $(k = 1, \ldots, n)$ とするとき, 次が成り立つことを示せ:
$$P(A_1 \cup A_2 \cup \cdots \cup A_n) = 1 - (1 - p_1)(1 - p_2) \cdots (1 - p_n). \tag{1.5.5}$$

【解】 n 個の事象に対するド・モルガンの公式を適用すると,

$$P(A_1 \cup A_2 \cup \cdots \cup A_n) = 1 - P\Big(\{A_1 \cup A_2 \cup \cdots \cup A_n\}^c\Big)$$
$$= 1 - P\big(A_1^c \cap A_2^c \cap \cdots \cap A_n^c\big)$$
$$= 1 - P\big(A_1^c\big)P\big(A_2^c\big)\cdots P\big(A_n^c\big)$$

において各 $P\big(A_i^c\big) = 1 - P(A_i) = 1 - p_i \ (i = 1,\ldots,n)$ であるから (1.5.5) を得る.   □

□□ **例題** □□

n 個の同一基板が並列接続されているシステムがある. このシステムは, n 個の基板がすべて故障したときのみ停止してしまう. それぞれの基板の故障の可能性は 8 % であり, 独立に動作するものとする. 99.9 % 以上の可能性でシステムが停止しないためには, 最低何台の基板を並列接続しておく必要があるか.

【**解**】 事象 $A_i = \{$基板 i が正常$\}$ とすると, $P\big(A_i^c\big) = 0.08$ である.

$$P(A_1 \cup A_2 \cup \cdots \cup A_n) = 1 - (0.08)^n \geqq 0.999$$

とおいて, この不等式を n について解くと $n \geqq 3$ を得る.   □

1.6 確率変数

実験や測定において, ある量を観測しているとする. 観測の結果, ランダムな事象のうちの一つの場合 $\omega \ (\in \Omega)$ が起こって, それに応じた観測量の値が得られる. そのことを, 変数 ω の関数としての確率変数により表す[10].

┌─ **確率変数** ─────────────────────────

　Ω 上で定義された関数 $X = X(\omega)$ を **確率変数** (random variable) という.

└──────────────────────────────────

X のとる値は, 整数値や実数値など問題に応じて様々に設定すればよい[11].

---

10)　確率「変数」とよぶが, 実のところ ω の「関数」である. ランダムな事象の集合という, 一般論では抽象的でよくわからない対象から, 観測量のとる値という数学的な定量的議論へと橋渡しする媒体が確率変数である.

11)　確率変数を表す文字は X のように大文字を使うことが多い. それに対し, 個別の値は x と小文字で表し, $\{X(\omega) = x\}$ のように書く.

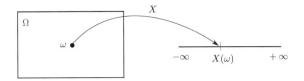

図 1.5　確率変数 X は Ω 上の関数

大きく分ければ，離散的な値あるいは連続的な値をとる確率変数がある．図 1.5 は実数値の確率変数の場合である．

◎**例 1.15.**　(1)　コイン投げを 1 回行う試行は，$X(\omega_1) = H$ (表)，$X(\omega_2) = T$ (裏) の確率変数 X を観察していると考えることができる．(H, T) はそれぞれ $(1, 0)$ などと置き換えてもよい．2 回行う試行は，$X(\omega_{11}) = HH$，$X(\omega_{12}) = HT$，$X(\omega_{21}) = TH$，$X(\omega_{22}) = TT$ の確率変数 X と考えられる．

(2)　サイコロ投げを 1 回行う試行は，$\Omega = \{\omega_i \,|\, \omega_i = i\,$の目が出る $(i = 1, \ldots, 6)\}$ とすれば $X(\omega_i) = i \,(i = 1, \ldots, 6)$ の確率変数 X を観察していると考えることができる．2 回行う試行は $\Omega = \{\omega_{ij} \,|\, \omega_{ij} = (i, j)\,$の目の組合せが出る $(i, j = 1, \ldots, 6)\}$ とすれば $X(\omega_{ij}) = (i, j)$ と考えることができる．

(3)　$\Omega = \{\omega_1, \omega_2, \omega_3, \omega_4\} = \{$「晴れ」，「曇り」，「雨」，「雪」$\}$ とおくと，明日の天気を確率変数 $X = X(\omega_i)$ として考えることができる．

(4)　$\Omega = \{\omega_0, \omega_1, \omega_2, \ldots\} = \{0, 1, 2, \ldots\}$ とおくと，高速道路のある料金所ゲートを向こう 1 時間で通過する車の数を，0 以上の整数値をとる確率変数 $X = X(\omega_i)$ として考えることができる．同様に，ある窓口を向こう 1 時間で訪れる顧客数，ある地域での 1 日の感染症陽性者数など様々な事例を考えることができる．

(5)　$\Omega = \{\omega_x \,|\, 150 \le x \le 200\} = \{$身長の測定値が $150 \le x\,[\text{cm}] \le 200\}$ とおくと，ある集団から抽出した人の身長を実数値確率変数 $X = X(\omega_x)$ として考えることができる．同様に，値の範囲を適当に定めると，ある地域のある日の気温や気圧，湿度など様々なデータを確率変数と考えることができる．　　　□

「○○が成り立つ事象」に対し，確率変数はその事象の媒体である．本来議論の対象であるのは，「○○が成り立つ事象の確率」であるが，我々はほとんどの場合その確率を「確率変数 X が集合 S に値をとる確率 $P(X \in S)$」というと

らえ方で考える．Ω からは抽象的な事象が与えられるのみだが，上記のように
とらえることで，確率変数と後述の確率分布により事象の確率の評価が完全に定
量化されるからである．

注意 1.2　厳密には，「確率変数 X のとる任意の値集合 S に対し[12]，X が S の値を
とる確率が定まる」という条件を含めて確率変数が定義されるが，本書ではこれを暗黙の
了解とし，あまり意識しない形で議論を進める．そのとき，確率変数と確率の関係は次の
ようになっている．我々は基本的には，X が値集合 S に値をとる確率 $P(X(\omega) \in S)$
を議論の対象にする．ところが，確率は事象 (Ω の部分集合) に対して定義されるもので
あるから，「X が S に値をとる」ような事象 $B = \{\omega \mid X(\omega) \in S\}$ をとって，その事象
B の確率をとる，というように考える．すなわち，$P(X(\omega) \in S) = P(B)$ である (図
1.6 参照)．

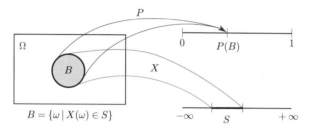

図 1.6　$P(X(\omega) \in S) = P(B)$ である

　また，我々が現実世界で物理量として観察するのは，確率変数の呈する値 $X(\omega) = x$
である．この確率変数が「この物理系ではどんな値をとるか」ということはさほど問題で
はないことが多い．物理系にはそれぞれ呈する値のレンジやスケールなどがあっても本
質的なメカニズムは同じであることが少なくなく，そういった状況では，呈する値は一つ
の見かけ上の値の組と考えられる．あくまでもランダム系としての本質は，確率法則 P
である．物理系に対する見かけ上の違いは，とる値の集合 S から，その値をとるような
場合の集合 B に直すところで吸収されている．

　確率変数のとる値については，対象となる系に応じて様々に設定されるが，さ
しあたり，大きく分けて離散値／連続値という 2 つの場合があることをみてお
こう．

---

12)　X のとる値全体の任意の部分集合を**値集合**という．

> ┌─ 確率変数 (離散／連続) ──────────────────
> │
> │　確率変数 X が実数列からなる集合に値をとるとき，**離散確率変数** (dis-
> │ crete random variable) という．また，実数の有限区間あるいは無限区間か
> │ らなる集合に値をとるとき，**連続確率変数** (contiunous random variable)
> │ という．

　以下では，確率分布をはじめ様々な概念を，離散値／連続値それぞれの形式で
述べる．

　確率変数 X のとる値の下限，上限をそれぞれ α, β [13]とおく．一般に α は
$-\infty$ を，β は ∞ をとることもある．離散確率変数については，とる値の集合
を $\{x_1, x_2, \ldots\}$ とおくと (有限集合あるいは無限集合)，$X = x_k$ となる確率を
次のように定めれば，X のとる値とその確率が与えられることになる：

$$P(X = x_k) = p_k, \quad \text{ただし} \quad p_k \geqq 0, \quad \sum_{k:\, \alpha \leqq x_k \leqq \beta} p_k = 1. \quad (1.6.1)$$

この $\{p_k \,|\, k = 1, 2, \ldots\}$ を離散確率変数 X の **確率分布** (probability distribu-
tion) という．このとき，X **は確率分布** $\{p_k \,|\, k = 1, 2, \ldots\}$ **に従う**といい，

$$X \sim \{p_k\}$$

のように表す．

　一方，連続確率変数については，次のような区間 (α, β) 上の関数 $f(x)$ を用
いて，X が部分集合 $S (\subset (\alpha, \beta))$ に値をとる確率 $P(X \in S)$ を与えることが
できる：

$$P(X \in S) = \int_S f(x)\,dx, \quad \text{ただし} \quad f(x) \geqq 0, \quad \int_\alpha^\beta f(x)\,dx = 1. \quad (1.6.2)$$

この $f(x)$ を X の **確率密度関数** (probability density function) という．なお，
連続確率変数の場合，X が 1 点 x の値をとる確率 $P(X = x)$ は 0 である[14]．
(1.6.2) の最初の式は

---

13)　実際，下限 $\alpha = \inf_\omega X(\omega)$，上限 $\beta = \sup_\omega X(\omega)$ である．

14)　$\displaystyle\int_x^x f(x)\,dx = 0$ である．このことが，1.4 節で述べたように，連続値の確率変数の確率を
1 点の値をとる確率ではなく，ある区間内に値をとる確率としてとらえる理由である．

$$P\big(X \in (x, x+dx)\big) = f(x)\,dx, \quad \text{あるいは} \quad \frac{P\big(X \in (x, x+dx)\big)}{dx} = f(x)$$

といってもよい.

また，確率変数 X に対し，

$$F(x) = P(X \leqq x)$$

を **確率分布関数** (probability distribution function, 略して p.d.f.) という. X のとる値の下限および上限をそれぞれ α, β $(-\infty \leqq \alpha \leqq \beta \leqq \infty)$ とおくと，離散および連続確率変数それぞれに対し，$F(x)$ は次で与えられる. $\alpha \leqq x < \beta$ に対して

$$\text{離散の場合：} \quad F(x) = \sum_{k:\,\alpha \leqq x_k < x} p_k,$$

$$\text{連続の場合：} \quad F(x) = \int_\alpha^x f(u)\,du.$$

ここで $-\infty < \alpha$ の場合 $F(x) \equiv 0$ $(x < \alpha)$ であり，$\beta < \infty$ の場合 $F(x) \equiv 1$ $(x \geqq \beta)$ である. 離散確率変数の場合 $F(x)$ は右連続[15]であり，連続確率変数の場合 $F(x)$ は連続であることに注意する. 確率分布関数 $F(x)$ は，下限値から値 x までの確率の累積和であるから，したがって単調増加関数[16]であり，かつ

$$\lim_{x \to -\infty} F(x) = 0, \qquad \lim_{x \to \infty} F(x) = 1$$

である.

◎**例 1.16.** 図 1.7 の分布は**ポアソン分布**とよばれる離散分布であり，確率分布は次の式で与られる：

$$p_k = e^{-\lambda}\frac{\lambda^k}{k!}, \quad k = 0, 1, 2, \dots.$$

また，図 1.8 の分布は**正規分布**とよばれる連続分布であり，確率密度関数は次の式で与えられる：

$$f(x) = \frac{1}{\sqrt{2\pi}}\,e^{-x^2/2}, \quad x \in \mathbb{R}.$$

これらの分布については，1.9 節を参照していただきたい.   □

---

15) $F(x_k)$ と $\displaystyle\lim_{x \to x_k+0} F(x)$ が一致すること：$F(x_k) = \displaystyle\lim_{x \to x_k+0} F(x)$.

16) 正確には，単調非減少関数.

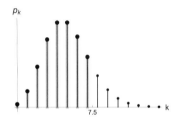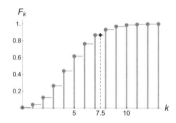

図 1.7 離散確率変数の確率分布 (左)，および確率分布関数 (右) の例：
$$P(X \leqq 7.5) = \sum_{k=0}^{7} p_k = F(7.5).$$

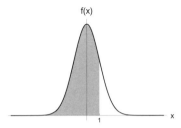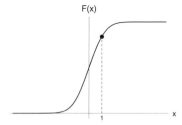

図 1.8 連続確率変数の確率密度関数 (左)，および確率分布関数 (右) の例：
$$P(X \leqq 1) = \int_{-\infty}^{1} f(x)\,dx = F(1).$$

注意 1.3　図 1.7 と図 1.8 の**左図**は，具体的な統計分析において，2.1 節の図 2.1 (p.70)，図 2.2 (p.72) のヒストグラムに対応し，図 1.7 と図 1.8 の**右図**は，2.1 節の図 2.3 (p.73) の累積度数分布図に対応する概念である.

1.7　期待値と分散

　確率変数の特性量として，最も基本的なものは期待値と分散である．これらは，しばしば確率分布のパラメータにもなっている．ここでは，離散および連続確率変数それぞれの期待値と分散について述べる.

　離散確率変数 X のとる値を $\{x_1, x_2, \dots\}$ とし，また，それぞれの値をとる確率が p_k であるとする：$P(X = x_k) = p_k \ (k = 1, 2, \dots)$，ただし $\sum_k p_k = 1$. このとき，X の **期待値** (expectation) $\mathbb{E}[X]$ および **分散** (variance) $\mathrm{Var}[X]$ は

次で定義される[17), 18)]：

┌─ **期待値と分散 (離散確率変数)** ─────────────────────

$$\mathbb{E}[X] = \sum_k x_k\, p_k, \tag{1.7.1}$$

$$\mathrm{Var}[X] = \mathbb{E}[(X - \mu)^2] = \sum_k \left(x_k - \mu\right)^2 p_k, \tag{1.7.2}$$

ただし，$\mu = \mathbb{E}[X]$ である．
└──────────────────────────────────

また，X が連続確率変数の場合には，確率密度関数を $f(x)$ であるとする：$P(X \in S) = \int_S f(x)\,dx$，ただし $\int f(x)\,dx = 1$．このとき，X の期待値 $\mathbb{E}[X]$ および分散 $\mathrm{Var}[X]$ は

┌─ **期待値と分散 (連続確率変数)** ─────────────────────

$$\mathbb{E}[X] = \int x f(x)\,dx, \tag{1.7.3}$$

$$\mathrm{Var}[X] = \mathbb{E}[(X - \mu)^2] = \int (x - \mu)^2 f(x)\,dx, \tag{1.7.4}$$

ただし，$\mu = \mathbb{E}[X]$ である．
└──────────────────────────────────

特に，定数 $c\,(\in \mathbb{R})$ の期待値は c である：$\mathbb{E}[c] = c$．また，分散は 0 である：$\mathrm{Var}[c] = 0$．

$(\because)$　$\mathbb{E}[c] = \sum_k c\, p_k = c \sum_k p_k = c \cdot 1 = c$．また，$\mathrm{Var}[c] = \mathbb{E}[(c - c)^2]$ よりわかる．連続確率変数の場合も同様にしてわかる[19)]．　■

─────────────────────────

17)　確率変数 X の期待値あるいは分散という場合もあるし，また，確率分布 $\{p_k\}$ の期待値あるいは分散という場合もある．

18)　高校数学のベクトルで，$\{a_1, \ldots, a_n\} \in (0,1)$，$a_1 + \cdots + a_n = 1$ に対してベクトル $\{\vec{x}_1, \ldots, \vec{x}_n\}$ の内分点 $\vec{x}_0 = a_1 \vec{x}_1 + \cdots + a_n \vec{x}_n$ を求めた際，この内分点は $(\vec{x}_1 - \vec{x}_0), \ldots, (\vec{x}_n - \vec{x}_0)$ がバランスする点であり $\left(\sum_{i=1}^{n} (\vec{x}_i - \vec{x}_0) = \vec{0}\right)$，このような点 $\vec{x}_0$ を**重心**とよんだ．いま，$\vec{x}_i$ をデータ x_i，$\{a_1, \ldots, a_n\}$ を確率分布 $\{p_1, \ldots, p_n\}$ と読み替えたものが期待値であり，$\vec{x}_0$ の代わりに μ と書く．

19)　以下では，連続確率変数の場合も同様であることをいちいち断らない．

注意 1.4 期待値あるいは分散が発散してしまい存在しない場合もある．例えば，次で
与えられる連続分布，コーシー (Cauchy) 分布の場合，期待値も分散も発散することが
知られている： $f(x) = \dfrac{1}{\pi} \cdot \dfrac{1}{1+x^2}, \quad x \in \mathbb{R}.$ □

期待値と分散の演算においては，次の**線形性**が重要である：

―――――――― **期待値の線形性など** ――――――――

定数 $a, b (\in \mathbb{R})$ に対し，次が成り立つ：

$$\mathbb{E}[aX + b] = a\,\mathbb{E}[X] + b, \qquad (1.7.5)$$

$$\mathrm{Var}[aX + b] = a^2 \mathrm{Var}[X]. \qquad (1.7.6)$$

また，任意の 2 つの確率変数 X, Y に対し

$$\mathbb{E}[X + Y] = \mathbb{E}[X] + \mathbb{E}[Y]. \qquad (1.7.7)$$

この期待値の線形性 (1.7.5) は，次によりわかる：

$$\mathbb{E}[aX + b] = \sum_k (ax_k + b)\,p_k = a\sum_k x_k p_k + b\sum_k p_k = a\,\mathbb{E}[X] + b.$$

一方，(1.7.6) は次によりわかる：$\mathbb{E}[aX + b] = a\mu + b$ であるから

$$\mathrm{Var}[aX + b] = \sum_k \left[\, ax_k + b - (a\mu + b)\,\right]^2 p_k$$

$$= \sum_k a^2 (\,x_k - \mu\,)^2 p_k = a^2 \mathrm{Var}[X].$$

(1.7.7) は，$p_{kl} = P(X = x_k, Y = y_l)$ とし，$p_k = \sum_l p_{kl}$ および $q_l = \sum_k p_{kl}$
をそれぞれ X, Y の周辺分布[20]とおくと

$$\mathbb{E}[X + Y] = \sum_k \sum_l (x_k + y_l)\,p_{kl} = \sum_k \sum_l x_k p_{kl} + \sum_k \sum_l y_l p_{kl}$$

$$= \sum_k x_k \sum_l p_{kl} + \sum_l y_l \sum_k p_{kl} = \sum_k x_k p_k + \sum_l y_l q_l$$

$$= \mathbb{E}[X] + \mathbb{E}[Y]$$

よりわかる．

---

20) 周辺分布については p.33 参照．

　分散については，一般に次の関係が成り立つことに注意する：

――――――――――― **分散の有用な表式** ―――――――――――

$$\mathrm{Var}[X] = \mathbb{E}\big[X^2\big] - \big(\mathbb{E}[X]\big)^2 \qquad (1.7.8)$$

　(1.7.8) は有用な式であり，分散を実際に計算する際には，この式を利用して計算することも多い．(1.7.8) は次によりわかる：

$$\begin{aligned}
\mathrm{Var}[X] &= \mathbb{E}\big[(X-\mu)^2\big] = \mathbb{E}\big[X^2 - 2\mu X + \mu^2\big] \\
&= \mathbb{E}\big[X^2\big] - 2\mu\mathbb{E}[X] + \mathbb{E}[\mu^2] \\
&= \mathbb{E}\big[X^2\big] - 2\mu^2 + \mu^2 = \mathbb{E}\big[X^2\big] - \mu^2.
\end{aligned}$$

◎**例 1.17.** 確率変数 X のとる値が $0,1$ の二択で，$0 \leqq p \leqq 1$ に対して

$$P(X=1) = p, \qquad P(X=0) = 1-p$$

であるとき，X を成功確率 p の**ベルヌーイ** (Bernoulli) **確率変数**といい，$X \sim \mathrm{B}(p)$ と表す[21]．ベルヌーイ確率変数はコイン投げの一般化であり，その期待値，分散はそれぞれ次のようになる：

$$\mathbb{E}[X] = 1 \cdot p + 0 \cdot (1-p) = p,$$

また，$\mathbb{E}[X^2] = 1^2 \cdot p + 0^2 \cdot (1-p) = p$ であるから

$$\mathrm{Var}[X] = \mathbb{E}[X^2] - \big(\mathbb{E}[X]\big)^2 = p - p^2 = p(1-p). \qquad \square$$

◎**例 1.18.** サイコロ投げの出る目の値を X とするとき，X の期待値は

$$\mathbb{E}[X] = \sum_{k=1}^{6} k \cdot \frac{1}{6} = \frac{1}{6} \cdot \frac{6 \times 7}{2} = \frac{7}{2}.$$

また，分散は，$\mathbb{E}[X^2] = \displaystyle\sum_{k=1}^{6} k^2 \cdot \frac{1}{6} = \frac{1}{6} \cdot \frac{6 \times 7 \times 13}{6} = \frac{91}{6}$ より

$$\mathrm{Var}[X] = \mathbb{E}[X^2] - \big(\mathbb{E}[X]\big)^2 = \frac{91}{6} - \left(\frac{7}{2}\right)^2 = \frac{35}{12}. \qquad \square$$

――――――――――――

21)　「成功／失敗」という言葉は，文脈に応じて「成立／不成立」「合格／不合格」など，様々に置き換えてよい．

より一般に, X を関数 φ で写して得られる確率変数 $\varphi(X)$ の期待値は, (1.7.1) でとる値 x_k を $\varphi(x_k)$ で置き換えて

$$\text{離散確率変数の場合：} \quad \mathbb{E}\big[\varphi(X)\big] = \sum_k \varphi(x_k)\, p_k,$$

$$\text{連続確率変数の場合：} \quad \mathbb{E}\big[\varphi(X)\big] = \int \varphi(x) f(x)\, dx$$

となる. 一般に, $\mathbb{E}\big[\varphi(X)\big] \neq \varphi\big(\mathbb{E}[X]\big)$ であることに注意する. X の期待値は $\varphi(x) = x$ の特別な場合であり, 分散は $\varphi(x) = (x-\mu)^2$ の特別な場合である. また, **定義関数**

$$\mathbb{I}_A(x) = \begin{cases} 1, & x \in A, \\ 0, & x \in A^c \end{cases}$$

に対して, $\varphi(X) = \mathbb{I}_A(X)$ とおくと, $\mathbb{E}\big[\varphi(X)\big] = P(X \in A)$ である[22].

確率変数 X の期待値を μ とし, 分散を $\sigma^2 (> 0)$ とする. X について調べるときに X そのものではなく, X を変換した $Y = \dfrac{X-\mu}{\sigma}$ を考えることがしばしばある. この Y を X の **正規化** (normalization) という. 正規化とは, 平均を 0 にし, 分散を 1 にするということである：

$$\mathbb{E}\left[\frac{X-\mu}{\sigma} \right] = \frac{1}{\sigma}\big(\mathbb{E}[X] - \mu\big) = 0,$$

$$\mathrm{Var}\left[\frac{X-\mu}{\sigma} \right] = \mathbb{E}\left[\left(\frac{X-\mu}{\sigma}\right)^2 \right] - \left(\mathbb{E}\left[\frac{X-\mu}{\sigma} \right] \right)^2$$

$$= \frac{1}{\sigma^2}\mathbb{E}\big[(X-\mu)^2\big] - 0^2 = \frac{1}{\sigma^2} \cdot \sigma^2 = 1.$$

◎**例 1.19.** 確率変数の列 $X_1, X_2, \ldots$ は **独立同分布** (independent and identically distributed) とし[23], 期待値 $\mathbb{E}[X_1] = \mu$, 分散 $\mathrm{Var}[X_1] = \sigma^2 (> 0)$ とする. これに対し, 和 $S_n = X_1 + X_2 + \cdots + X_n$ の分布を考える.

$$\mu_n = \mathbb{E}[S_n] = n\mu, \quad \sigma_n^2 = \mathrm{Var}[S_n] = n\sigma^2$$

---

22) 連続の場合であれば

$$\mathbb{E}[\varphi(X)] = \int \mathbb{I}_A(x) f(x)\, dx = \int_A 1 \cdot f(x)\, dx + \int_{A^c} 0 \cdot f(x)\, dx = P(X \in A) + 0$$

よりわかる. 離散の場合も同様.

23) 確率変数列の独立性について詳しくは 1.8 節を参照. **確率変数の列が独立, すなわち,** $P(X_1 < x_1, \ldots, X_n < x_n) = P(X_1 < x_1) \cdots P(X_n < x_n)$ **が, 任意の** $-\infty < x_k < \infty$ $(k = 1, \ldots, n)$ **に対して成り立ち, かつそれぞれが同じ分布に従うこと, をいう.**

であるから，このままでは $n \to \infty$ のときに期待値や分散が発散に向かう確率
変数の漸近分布を考えることになり，議論できない．したがって，基本的には
S_n を正規化して期待値を 0，分散を 1 に修正して考える．その正規化は以下の
ようになる：

$$
\begin{aligned}
\frac{S_n - \mu_n}{\sigma_n} &= \frac{S_n - n\mu}{\sqrt{n}\,\sigma} & (S_n \text{の正規化}) \\
&= \frac{\frac{1}{n}S_n - \mu}{\sigma/\sqrt{n}} & \left(\frac{1}{n}S_n \text{の正規化}\right) \\
&= \frac{1}{\sqrt{n}} \sum_{i=1}^{n} \frac{X_i - \mu}{\sigma}. & (X_i \text{の正規化}) \qquad \square
\end{aligned}
$$

◎**例 1.20.** データの標本値の**偏差値**は，もとの標本値に対し，平均が 50，標
準偏差が 10 になるように変換してつくられる値で，各標本値の全標本値中での
位置づけを与える指標値である．もとの標本値を $\{x_1, x_2, \ldots, x_n\}$ とし，この標
本平均を $\bar{x}$，標本分散を s^2 とおく[24]：

$$
\bar{x} = \frac{1}{n} \sum_{k=1}^{n} x_k, \qquad s^2 = \frac{1}{n-1} \sum_{k=1}^{n} (z_k - \bar{x})^2.
$$

このとき，k 番目の標本値の偏差値 z_k は

$$
z_k = 50 + \frac{x_k - \bar{x}}{s} \times 10
$$

で与えられる．ここで $\dfrac{x_k - \bar{x}}{s}$ は $\{x_k\}$ の正規化であることに注意しよう．n
が十分大きく，データの母集団が後述の正規分布に近い状況であれば，偏差値の
値だけから全体の中での位置づけがおおよそわかる．例えば，偏差値が 60 なら
ば，それは正規化 $\dfrac{x_k - \bar{x}}{s}$ が 1 ということであるから，

$$
P(z_k \geqq 60) = P\left(\frac{x_k - \bar{x}}{s} \geqq 1\right) \fallingdotseq 33.3\,\%
$$

により，その標本値は $\sigma \simeq s$ により，だいたい右裾の 1 シグマ程度[25]，つまり
上位 16.6 % 程度に位置することになる． $\square$

---

24) 標本分散では，$(n-1)$ で除することに注意．これにより，標本分散の期待値は $\mathbb{E}[s^2] = 1$
となる（確かめよ）．

25) "1 シグマ" は統計学で使われる用語．詳しくは p.62 の脚注を参照．

1.8 同時確率分布と確率変数の独立性 ─────────

X, Y が離散／連続確率変数それぞれの場合に，とる値とその確率を次のように表すことにする：

- **離散の場合：** とる値をそれぞれ x_i, y_j $(i, j = 1, 2, \ldots)$ とし，$\{X = x_i, Y = y_j\}$ となる確率を p_{ij} とおく．
- **連続の場合：** とる値が $X \in S$, $Y \in T$ $(S, T \subset \mathbb{R})$ を満たすとし，$\{X \in S, Y \in T\}$ となる確率の確率密度関数を $f(x, y)$ とおくと，その確率は：$P(X \in S, Y \in T) = \displaystyle\int_S \int_T f(x, y)\, dx dy.$

┌─ **同時確率分布 (離散／連続)** ─────────────────

次を満たす $\{p_{ij}\}$ あるいは $f(x, y)$ をそれぞれ 同時確率分布 (joint probability distribution) あるいは 同時確率密度関数 (joint probability density function) という：

- **離散の場合：** $\quad p_{ij} \geqq 0, \qquad \displaystyle\sum_i \sum_j p_{ij} = 1,$ $\qquad\qquad$ (1.8.1)

- **連続の場合：** $\quad f(x, y) \geqq 0, \qquad \displaystyle\iint f(x, y)\, dx dy = 1.$ $\qquad$ (1.8.2)

└────────────────────────────────

同時確率分布においては，次の 整合性 が重要である：

┌──────────── **整 合 性** ────────────

- **離散の場合：** X の確率分布を $\{p_i\}$, Y の確率分布を $\{q_j\}$ とするとき，次が成り立つ：
$$\sum_j p_{ij} = p_i, \qquad \sum_i p_{ij} = q_j.$$

- **連続の場合：** X の確率密度関数を $f(x)$, Y の確率密度関数を $g(y)$ とするとき，次が成り立つ：
$$\int f(x, y)\, dy = f(x), \qquad \int f(x, y)\, dx = g(y).$$

└────────────────────────────────

このとき，$\{p_i\}, \{q_j\}$ を $\{p_{ij}\}$ の 周辺分布 (marginal distribution) といい，また $f(x), g(y)$ を $f(x, y)$ の 周辺確率密度関数 (marginal probability density function) という.

確率変数の独立性 (離散／連続) ─────────

X, Y が次を満たすとき **独立** (independent) であるという：

- 離散の場合： $p_{ij} = p_i \, q_j, \qquad i, j = 1, 2, \ldots,$ （1.8.3）

- 連続の場合： $f(x, y) = f(x) \, g(y), \qquad x, y \in \mathbb{R}.$ （1.8.4）

(1.8.3), (1.8.4) はいずれも，次と同値であることはすぐわかる：任意の $S, T \subset \Omega$ に対し，

$$P(X \in S, \, Y \in T) = P(X \in S) \, P(Y \in T).$$

つまり，確率変数の独立性は，事象 $A = \{X \in S\}$, $B = \{Y \in T\}$ の独立性が任意の事象 A, B (すなわち任意の値集合 S, T) について成り立つということである.

独立性を仮定すると，確率変数の様々な計算を以下のように進めることができる.

─────── 独立な確率変数の積の期待値，和の分散 ───────

X, Y が独立ならば次が成り立つ：

$$\mathbb{E}[XY] = \mathbb{E}[X] \, \mathbb{E}[Y],$$ （1.8.5）

$$\mathrm{Var}[X + Y] = \mathrm{Var}[X] + \mathrm{Var}[Y].$$ （1.8.6）

($\because$) 独立性から $p_{kl} = P(X = x_k, Y = y_l) = p_k q_l$ のように書けるので

$$\mathbb{E}[XY] = \sum_k \sum_l x_k y_l \, p_{kl} = \sum_k \sum_l x_k y_l \, p_k q_l = \sum_k x_k p_k \sum_l y_l q_l = \mathbb{E}[X] \, \mathbb{E}[Y]$$

となる. また，$\mathbb{E}[X] = \mu_X$, $\mathbb{E}[Y] = \mu_Y$ とすると

$$\mathrm{Var}[X + Y] = \mathbb{E}\big[\{(X + Y) - (\mu_X + \mu_Y)\}^2\big] = \mathbb{E}\big[\{(X - \mu_X) + (Y - \mu_Y)\}^2\big]$$

$$= \mathbb{E}\big[(X - \mu_X)^2 + (Y - \mu_Y)^2 + 2(X - \mu_X)(Y - \mu_Y)\big]$$

$$= \mathbb{E}\big[(X - \mu_X)^2\big] + \mathbb{E}\big[(Y - \mu_Y)^2\big] + 2\,\mathbb{E}\big[(X - \mu_X)\big]\mathbb{E}\big[(Y - \mu_Y)\big]$$

よりわかる. ただし (1.8.5) より $\mathbb{E}\big[(X - \mu_X)(Y - \mu_Y)\big] = \mathbb{E}\big[(X - \mu_X)\big]\mathbb{E}\big[(Y - \mu_Y)\big] = 0$ を使った. ∎

(1.7.7), (1.8.5) および (1.8.6) は複数個の確率変数についても成り立つ:

── 和の期待値，独立な確率変数の積の期待値，和の分散 ──

$$\mathbb{E}[X_1 + X_2 + \cdots + X_n] = \mathbb{E}[X_1] + \mathbb{E}[X_2] + \cdots + \mathbb{E}[X_n]. \quad (1.8.7)$$

また，$X_1, X_2, \ldots, X_n$ が独立ならば

$$\mathbb{E}[X_1 X_2 \cdots X_n] = \mathbb{E}[X_1]\,\mathbb{E}[X_2] \cdots \mathbb{E}[X_n], \quad (1.8.8)$$

$$\mathrm{Var}[X_1 + X_2 + \cdots + X_n] = \mathrm{Var}[X_1] + \mathrm{Var}[X_2] + \cdots + \mathrm{Var}[X_n]. \quad (1.8.9)$$

これらは，(1.7.7), (1.8.5) および (1.8.6) をそれぞれ繰り返し適用することで示せる.

1.9 いくつかの確率分布

以下に，基本的な確率分布をあげる.

一様分布 (連続)

── 一様分布 ──

確率密度関数 $f(x)$ が実数の区間 $[a, b]$ $(a < b)$ 上の定義関数で与えられるとき，この確率分布を **一様分布** (uniform distribution) という:

$$f(x) = \begin{cases} \dfrac{1}{b-a}, & a \leqq x \leqq b, \\ 0, & その他. \end{cases}$$

確率分布関数は

$$F(x) = \begin{cases} 0, & -\infty < x < a, \\ \dfrac{x}{b-a}, & a \leqq x \leqq b, \\ 1, & b < x < \infty. \end{cases}$$

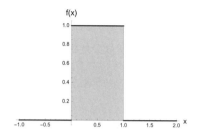 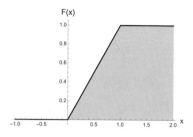

図 1.9 一様分布の確率密度関数 (左)，および確率分布関数 (右) の例：$a = 0, b = 1$.

一様分布の期待値および分散は次のようになる：

$$\mathbb{E}[X] = \frac{a+b}{2} \quad (= \text{区間 } [a, b] \text{ の中点}), \qquad \mathrm{Var}[X] = \frac{(a-b)^2}{12}.$$

$(\because) \quad \mathbb{E}[X] = \int x f(x)\, dx = \frac{1}{b-a} \int_a^b x\, dx = \frac{1}{b-a} \cdot \frac{b^2 - a^2}{2} = \frac{a+b}{2},$

また，$\mathbb{E}[X^2] = \dfrac{a^2 + ab + b^2}{3}$ より (確かめよ)，

$$\mathrm{Var}[X] = \mathbb{E}[X^2] - (\mathbb{E}[X])^2 = \frac{a^2 + ab + b^2}{3} - \left(\frac{a+b}{2}\right)^2 = \frac{(a-b)^2}{12}. \quad \blacksquare$$

ポアソン (Poisson) 分布

> **ポアソン分布**
>
> 確率分布 $\{p_k\}$ が次で与えられる非負整数 $\mathbb{N}_0$ 上の離散分布を **ポアソン分布** (Poisson distribution) という：
>
> $$p_k = \frac{\lambda^k e^{-\lambda}}{k!}, \quad k = 0, 1, 2, \ldots.$$
>
> ただし，$\lambda\,(> 0)$ は定数のパラメータで**ポアソン強度**とよばれる．確率変数 X が強度 λ のポアソン分布に従うことを $X \sim \mathrm{Pois}(\lambda)$ のように表す．

確率分布であることは

$$\sum_{k \in \mathbb{N}_0} p_k = \sum_{k \in \mathbb{N}_0} \frac{\lambda^k e^{-\lambda}}{k!} = e^{-\lambda} \sum_{k \in \mathbb{N}_0} \frac{\lambda^k}{k!} = e^{-\lambda} \cdot e^{\lambda} = 1$$

によりわかる. ただし, テイラー (Taylor) 展開 $e^{\lambda} = 1 + \lambda + \frac{\lambda^2}{2!} + \cdots$ を使った[26].

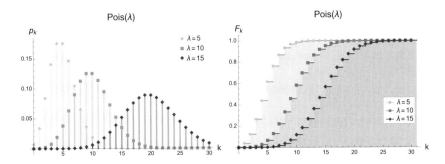

図 1.10 ポアソン分布の確率分布 (左), および確率分布関数 (右) の例: $\lambda = 5, 10, 15$.

ポアソン分布 Pois(λ) の期待値と分散は次のようになる:

$$\mathbb{E}[X] = \lambda, \qquad \mathrm{Var}[X] = \lambda.$$

($\because$) 期待値については

$$\mathbb{E}[X] = \sum_{k=0}^{\infty} k\, p_k = \sum_{k=1}^{\infty} k\, p_k = e^{-\lambda} \sum_{k=1}^{\infty} k \frac{\lambda^k}{k!} = e^{-\lambda} \sum_{k=1}^{\infty} \frac{\lambda^k}{(k-1)!}$$

$$= \lambda e^{-\lambda} \sum_{k=1}^{\infty} \frac{\lambda^{k-1}}{(k-1)!} = \lambda e^{-\lambda} \sum_{k=0}^{\infty} \frac{\lambda^k}{k!} = \lambda e^{-\lambda} \cdot e^{\lambda} = \lambda.$$

また, 分散については, まず $k^2 = k(k-1) + k$ を使って $\mathbb{E}[X^2]$ を計算すると

$$\mathbb{E}[X^2] = \sum_{k=0}^{\infty} k^2 p_k = \sum_{k=0}^{\infty} \left[k(k-1) + k \right] \frac{\lambda^k e^{-\lambda}}{k!}$$

$$= e^{-\lambda} \sum_{k=2}^{\infty} k(k-1) \frac{\lambda^k}{k!} + \sum_{k=0}^{\infty} k \frac{\lambda^k e^{-\lambda}}{k!}$$

---

26) このテイラー展開自体は任意の $\lambda \in \mathbb{R}$ で成り立つが, ポアソン強度としては $\lambda > 0$ である.

$$= \lambda^2 e^{-\lambda} \sum_{k=2}^{\infty} \frac{\lambda^{k-2}}{(k-2)!} + \mathbb{E}[X]$$

$$= \lambda^2 e^{-\lambda} \sum_{k=0}^{\infty} \frac{\lambda^k}{k!} + \lambda = \lambda^2 e^{-\lambda} \cdot e^{\lambda} + \lambda = \lambda^2 + \lambda,$$

したがって,

$$\text{Var}[X] = \mathbb{E}[X^2] - \left(\mathbb{E}[X]\right)^2 = \lambda^2 + \lambda - \lambda^2 = \lambda$$

となる.　　　　　　　　　　　　　　　　　　　　　　　　　　　　　■

　ポアソン分布は, ランダムに発生するものの個数のカウントにおいて, しばしば用いられる確率モデルである. 下記に一例をあげておく.

- 単位時間に窓口に到着する顧客数
- 単位時間に高速道路のゲートを通過する車の数
- 単位時間にコールセンターで発生する電話着信数
- 1ヶ月当たり交差点で発生する事故件数
- 製品1ロット内の不良品の個数
- 1年間での地震の発生回数

幾何分布

> **幾何分布**
>
> 　確率分布 $\{p_k\}$ が次で与えられる自然数上の離散分布を **幾何分布** (geometric distribution) という:
>
> $$p_k = (1-p)^{k-1}p, \quad k = 1, 2, \ldots.$$
>
> ただし, $0 < p < 1$ は定数のパラメータで, **成功確率** とよばれる. 確率変数 X がパラメータ p の幾何分布に従うことを $X \sim \text{G}(p)$ のように表す.

　幾何分布は, 独立試行において最初の $(k-1)$ 回「失敗」し, k 回目に「成功」するという確率を表す. 確率分布であることは

$$\sum_{k=1}^{\infty} p_k = \sum_{k=1}^{\infty} (1-p)^{k-1}p = p \sum_{k=0}^{\infty} (1-p)^k = \frac{p}{1-(1-p)} = 1$$

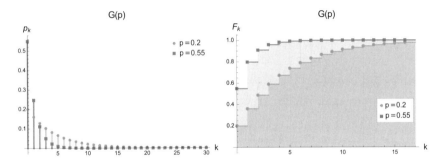

図 1.11 幾何分布の確率分布 (左), および確率分布関数 (右) の例: $p = 0.2, 0.55$.

よりわかる.

幾何分布 $G(p)$ の期待値と分散は次のようになる：

$$\mathbb{E}[X] = \frac{1}{p}, \qquad \mathrm{Var}[X] = \frac{q}{p^2}.$$

($\because$) 期待値については,

$$\mathbb{E}[X] = \sum_{k=1}^{\infty} k\, p_k = \sum_{k=1}^{\infty} k\,(1-p)^{k-1} p$$

において $S = \sum_{k=1}^{\infty} k\,(1-p)^{k-1}$ として $(1-p)S$ との差をとると $pS = \dfrac{1}{p}$ を得て, $\mathbb{E}[X] = pS = \dfrac{1}{p}$ がわかる. また分散については, まず $\mathbb{E}[X^2]$ を計算すると,

$$\mathbb{E}[X^2] = \sum_{k=1}^{\infty} k^2\, p_k = p \sum_{k=1}^{\infty} k^2\,(1-p)^{k-1}$$

において $S' = \sum_{k=1}^{\infty} k^2\,(1-p)^{k-1}$ として $(1-p)S'$ との差をとると $pS' = \dfrac{2q}{p^2} + \dfrac{1}{p}$ を得る. ただし $q = 1 - p$. したがって,

$$\mathrm{Var}[X] = \mathbb{E}[X^2] - \big(\mathbb{E}[X]\big)^2$$
$$= \frac{2q}{p^2} + \frac{1}{p} - \left(\frac{1}{p}\right)^2 = \frac{2q - (p+q)}{p^2} + \frac{1}{p} = \frac{q}{p^2}$$

となる. ∎

□□ **例題** □□ (幾何分布の無記憶性)───────────────

$X \sim \mathrm{G}(p)$ とするとき，次が成り立つことを示せ：

$$P(X = n + k \mid X > k) = P(X = n). \tag{1.9.1}$$

───────────────────────────────

【解】 条件付き確率の計算において $\{X = n + k\} \subset \{X > k\}$ であるから

$$P(X = n + k \mid X > k) = \frac{P\big(\{X = n + k\} \cap \{X > k\}\big)}{P(X > k)}$$

$$= \frac{P(X = n + k)}{P(X > k)}$$

$$= \frac{(1-p)^{n+k-1}p}{\sum\limits_{i=k+1}^{\infty}(1-p)^{i-1}p} = \frac{(1-p)^{n+k-1}p}{p \cdot \frac{(1-p)^k}{1-(1-p)}} = \frac{(1-p)^{n+k-1}p}{(1-p)^k}$$

$$= (1-p)^{n-1}p = P(X = n)$$

となる.   □

   (1.9.1) は，「成功」が k 回目以降にもち越されたとき (k 回目までは「失敗」で
あった)，その後のある時点 $(k+n)$ に「成功」する確率は，時点 k をあらため
て試行開始の原点とみなして行う試行での「成功」までに要する回数の確率と同
じ，ということをいっている．まだ成功していない現時点から成功までに「あと
何回要るか」は，現時点までにどれだけ待ったかとは独立で，観察時点のその都
度新たな待ち時間がスタートするのと同じである．この性質を幾何分布の**無記
憶性**という．無記憶性は，離散分布では幾何分布だけにみられる特性である[27].

▎ 指数分布 (連続)

┌─ 指数分布 ─────────────────────────

  確率密度関数 $f(x)$ が非負実数区間全体 $[0, \infty)$ 上で次のように与えられ
るとき，この確率分布を **指数分布** (exponential distribution) という：

─────────────────────────────────
27) 幾何分布の無記憶性は，本質的には後述の指数分布の無記憶性ででてくる指数関数の性質
$e^{s+t} = e^s \cdot e^t$ により成り立っている．この性質は**半群性**とよばれる．

$$f(x) = \begin{cases} \lambda e^{-\lambda x}, & 0 \le x < \infty, \\ 0, & -\infty < x < 0. \end{cases} \tag{1.9.2}$$

ただし，$\lambda\,(>0)$ は定数のパラメータである．確率変数 X が指数分布に従うことを $X \sim \mathrm{Exp}(\lambda)$ のように表す．

指数分布が確率分布であることはすぐわかる：

$$\int_0^\infty \lambda e^{-\lambda x}\,dx = \int_0^\infty \left(-e^{-\lambda x}\right)'\,dx = \left[-e^{-\lambda x}\right]_0^\infty = 1.$$

また，指数分布の確率分布関数は次で与えられる：

$$F(x) = 1 - e^{-\lambda x}, \quad x \ge 0.$$

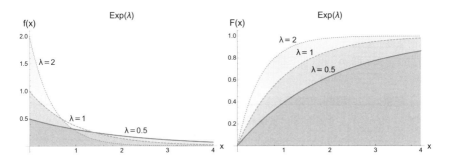

図 1.12　指数分布の確率密度関数 (左)，および確率分布関数 (右) の例：$\lambda = 0.5, 1, 2.$

指数分布 $\mathrm{Exp}(\lambda)$ の期待値と分散は次のようになる：

$$\mathbb{E}[X] = \frac{1}{\lambda}, \qquad \mathrm{Var}[X] = \frac{1}{\lambda^2}.$$

$(\because)$ 期待値については

$$\mathbb{E}[X] = \int_0^\infty x \cdot \lambda e^{-\lambda x}\,dx = \int_0^\infty x\left(-e^{-\lambda x}\right)'\,dx$$
$$= \left[-xe^{-\lambda x}\right]_0^\infty + \int_0^\infty e^{-\lambda x}\,dx = 0 + \left[-\frac{1}{\lambda}e^{-\lambda x}\right]_0^\infty = \frac{1}{\lambda},$$

また，分散については，まず $\mathbb{E}[X^2]$ を計算すると

$$\mathbb{E}\big[X^2\big] = \int_0^\infty x^2 \cdot \lambda\, e^{-\lambda x}\, dx = \int_0^\infty x^2 \left(-e^{-\lambda x}\right)' dx$$

$$= \Big[-x^2 e^{-\lambda x}\Big]_0^\infty + \int_0^\infty 2x \cdot e^{-\lambda x}\, dx = 0 + \frac{2}{\lambda}\,\mathbb{E}[X] = \frac{2}{\lambda^2}$$

であるから

$$\mathrm{Var}[X] = \mathbb{E}\big[X^2\big] - \big(\mathbb{E}[X]\big)^2 = \frac{2}{\lambda^2} - \left(\frac{1}{\lambda}\right)^2 = \frac{1}{\lambda^2}$$

となる. ∎

　指数分布は，事象が次に起こるまでに要する「待ち時間」を表すのに用いられる．例えば，窓口に次の顧客が到着するまでの時間や，コールセンターで次の電話着信が発生するまでの時間，次の地震が発生するまでの期間等であるが，これらはポアソン分布が単位時間当たりの発生「回数」を表すのに対し，発生の「時間的頻度」を表していることになる．「待ち時間」を，文脈によっては製品等の寿命の長さ (期間) 等を表すものとして考えることもできる．

□□ **例題** □□ (指数分布の特性) ────────────────

$X \sim \mathrm{Exp}(\lambda)$ とするとき，次が成り立つことを示せ：

(1) $P(X > t) = e^{-\lambda t}, \quad t \geqq 0$

(2) $P(X > s + t \mid X > s) = P(X > t)$

────────────────────────────────

【解】 (1) は

$$P(X > t) = \int_t^\infty \lambda e^{-\lambda x}\, dx = \int_t^\infty \left(-e^{-\lambda x}\right)' dx = \Big[-e^{-\lambda x}\Big]_t^\infty = e^{-\lambda t}$$

よりわかる．

　(2) は，$\{X > s + t\} \subset \{X > s\}$ であるから

$$\{X > s + t\} \cap \{X > s\} = \{X > s + t\},$$

したがって

$$P(X > s + t \mid X > s) = \frac{P\big(\{X > s + t\} \cap \{X > s\}\big)}{P(X > s)} = \frac{P(X > s + t)}{P(X > s)}$$

$$= \frac{e^{-\lambda(s+t)}}{e^{-\lambda s}} = e^{-\lambda t} \tag{1.9.3}$$

である. □

　上記の (1) は, 待ち時間が t 以上となる確率は $e^{-\lambda t}$ と指数関数的に減衰することを表している. (2) では, (1.9.3) の右辺は s に依存していないことに注意する. これは, 「事象発生を待って時刻 s を経過した後, そこからさらに t 以上の待ち時間を要する, つまり時刻 $(s+t)$ 以降に発生する確率」は (1) の単純に事象発生に要する最低限の時間 $e^{-\lambda t}$ と同じであるということをいっている. つまり, 経過時間 s に対し, そこを待ち時間の計測開始時刻の原点として更新し直してから発生時刻を観察するのと同じということであり, 「今からさらにどれくらい待つか」という追加の待ち時間は過去の経過状況に左右されない[28]. このことを指数分布の**無記憶性**という.

$$P(X > s + t \mid X > s) = \frac{P(X > s + t)}{P(X > s)} = \frac{1 - F(s + t)}{1 - F(s)} = 1 - F(t)$$

ということであるから, $1 - F(t)$ を $U(t)$ とおくと $U(s+t) = U(s)U(t)$ ということであるが, この方程式[29]を満たす関数は本質的には指数関数 $U(t) = e^{-\lambda t}$ しかない[30]ことが知られている. つまり連続分布では, 無記憶性は指数分布だけに成り立つ性質である.

正規分布 (連続)

> **正規分布**
>
> 　確率密度関数 $f(x)$ が実数区間全体 $(-\infty, \infty)$ 上で次のように与えられるとき, この確率分布を **正規分布** (normal distribution) または **ガウス分布** (Gaussian distribution) という:
>
> $$f(x) = \frac{1}{\sqrt{2\pi\sigma^2}} \int_{\mathbb{R}} e^{-\frac{(x-\mu)^2}{2\sigma^2}} \, dx, \quad x \in (-\infty, \infty). \qquad (1.9.4)$$
>
> ただし $\mu\,(\in \mathbb{R})$, $\sigma^2\,(> 0)$ は定数のパラメータで, それぞれ期待値, 分散に一致することから**平均**, **分散**とよばれる. この 2 つのパラメータをもって,

---

28)　この時点までに待った時間が長かろうが短かろうが同じである (確率分布が同じ).

29)　コーシー (Cauchy) 方程式という.

30)　指数関数か恒等的にゼロとなる関数の 2 通りしかない. 文献 [6, 17.6 節], [2, A.20] などを参照.

> 正規分布は $N(\mu, \sigma^2)$ と表される．特に $\mu = 0$, $\sigma^2 = 1$ のとき，$N(0,1)$ を
> **標準正規分布** (standard normal distribution) という．確率変数 X が正
> 規分布に従うことを $X \sim N(\mu, \sigma^2)$ のように表す．

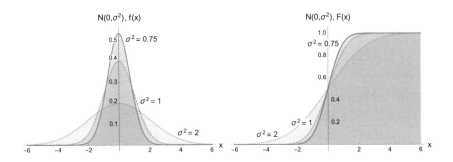

図 1.13 正規分布の確率密度関数 (左)，および確率分布関数 (右) の例：いずれも $\mu = 0$, $\sigma^2 = 0.75, 1, 2$.

正規分布が確率分布であること，すなわち

$$\frac{1}{\sqrt{2\pi\sigma^2}} \int_{\mathbb{R}} e^{-\frac{(x-\mu)^2}{2\sigma^2}} \, dx = 1 \tag{1.9.5}$$

を確認するのには一工夫がいる．$(x - \mu)/\sigma = y$ と置換して積分すると標準正規分布の積分に帰着する：

$$\frac{1}{\sqrt{2\pi\sigma^2}} \int_{\mathbb{R}} e^{-\frac{(x-\mu)^2}{2\sigma^2}} \, dx = \frac{1}{\sqrt{2\pi}} \int_{\mathbb{R}} e^{-\frac{x^2}{2}} \, dx. \tag{1.9.6}$$

したがって，(1.9.6) の右辺の積分を I とおくと，$I = 1$ であることを示せばよい．それには，$I^2 = 1$ を示すことで代える．

$$I^2 = \left(\frac{1}{\sqrt{2\pi}} \int_{\mathbb{R}} e^{-\frac{x^2}{2}} \, dx \right) \left(\frac{1}{\sqrt{2\pi}} \int_{\mathbb{R}} e^{-\frac{y^2}{2}} \, dy \right)$$

$$= \frac{1}{2\pi} \int_{\mathbb{R}} \int_{\mathbb{R}} e^{-\frac{x^2+y^2}{2}} \, dxdy$$

において，

$$\begin{cases} x = r\cos\theta, \\ y = r\sin\theta \end{cases}$$

と置換すると，ヤコビアン (面積素の変換係数) は

$$dxdy = \begin{vmatrix} \frac{\partial x}{\partial r} & \frac{\partial y}{\partial r} \\ \frac{\partial x}{\partial \theta} & \frac{\partial y}{\partial \theta} \end{vmatrix} drd\theta = \begin{vmatrix} \cos\theta & \sin\theta \\ -r\sin\theta & r\cos\theta \end{vmatrix} drd\theta$$

$$= r(\cos^2\theta + \sin^2\theta)\, drd\theta = r\, drd\theta$$

となるから，I^2 は

$$I^2 = \frac{1}{2\pi} \int_0^{2\pi} d\theta \int_0^\infty e^{-\frac{r^2}{2}} r\, dr = \frac{1}{2\pi} \cdot 2\pi \int_{\mathbb{R}} \left(-e^{-\frac{r^2}{2}}\right)' dr$$

$$= \left[-e^{-\frac{r^2}{2}}\right]_0^\infty = 1$$

となり，$I = 1$ がわかる．

　上述のように，正規分布の期待値および分散はそれぞれ μ, σ^2 である：

$$\mathbb{E}[X] = \mu, \qquad \mathrm{Var}[X] = \sigma^2.$$

($\because$)　$X \sim N(\mu, \sigma^2)$ とすると，期待値については

$$\mathbb{E}[X] = \frac{1}{\sqrt{2\pi\sigma^2}} \int_{\mathbb{R}} x e^{-\frac{(x-\mu)^2}{2\sigma^2}}\, dx$$

$$= \frac{1}{\sqrt{2\pi\sigma^2}} \int_{\mathbb{R}} (x - \mu + \mu)\, e^{-\frac{(x-\mu)^2}{2\sigma^2}}\, dx$$

$$= \frac{1}{\sqrt{2\pi\sigma^2}} \int_{\mathbb{R}} (x - \mu)\, e^{-\frac{(x-\mu)^2}{2\sigma^2}}\, dx + \mu \cdot \frac{1}{\sqrt{2\pi\sigma^2}} \int_{\mathbb{R}} e^{-\frac{(x-\mu)^2}{2\sigma^2}}\, dx$$

において，後半の積分は $N(\mu, \sigma^2)$ の全確率だから 1 となる．前半は $(x-\mu)/\sigma$ $= y$ と置換して積分すると，$dx/\sigma = dy$ だから

$$= \frac{1}{\sqrt{2\pi}} \int_{\mathbb{R}} y e^{-\frac{y^2}{2}}\, dy + \mu \cdot 1 = 0 + \mu = \mu$$

を得る．ただし，最後の積分は，奇関数の積分＝0 になることを使った．
　また，分散については

$$\mathrm{Var}[X] = \frac{1}{\sqrt{2\pi\sigma^2}} \int_{\mathbb{R}} (x-\mu)^2\, e^{-\frac{(x-\mu)^2}{2\sigma^2}}\, dx = \sigma^2 \cdot \frac{1}{\sqrt{2\pi}} \int_{\mathbb{R}} y^2 e^{-\frac{y^2}{2}}\, dy$$

であるから $\dfrac{1}{\sqrt{2\pi}} \displaystyle\int_{\mathbb{R}} y^2 e^{-\frac{y^2}{2}}\, dy = 1$ を示せばよい．それは

$$\frac{1}{\sqrt{2\pi}} \int_{\mathbb{R}} y^2 e^{-\frac{y^2}{2}} \, dy = \frac{2}{\sqrt{2\pi}} \int_0^\infty y \cdot \left(- e^{-\frac{y^2}{2}} \right)' dy$$

$$= 0 + \frac{2}{\sqrt{2\pi}} \int_0^\infty e^{-\frac{y^2}{2}} \, dy = \frac{1}{\sqrt{2\pi}} \int_{\mathbb{R}} e^{-\frac{y^2}{2}} \, dy = 1$$

によりわかる. ∎

　最後に，統計的検定や推定において現れる分布について簡単にまとめておく. これらの分布はいずれも，正規分布から派生的に得られるものである.

- **自由度 m の t 分布**: t_m

　確率変数 X が自由度 m の **t 分布** (t-distribution) t_m $(m \geqq 1)$ に従うとは， X の値が実数全体 $(-\infty, \infty)$ 上に分布し，

$$P\left(a \leqq X \leqq b\right) = \int_a^b f(x) \, dx$$

を満たす場合をいう．ここで，確率密度関数 $f(x)$ は次式で与えられる：

$$f(x) = \frac{1}{\sqrt{m\pi}} \frac{\Gamma\left(\frac{m+1}{2}\right)}{\Gamma\left(\frac{m}{2}\right)} \left(1 + \frac{x^2}{m}\right)^{-\frac{m+1}{2}}, \quad -\infty < x < \infty. \tag{1.9.7}$$

ただし $\Gamma(x)$ は**ガンマ関数**で， $\Gamma(x) = \int_0^\infty t^{x-1} e^{-t} dt \, (x > 0)$ で定義される． なお，

$$\lim_{m \to \infty} \frac{1}{\sqrt{m\pi}} \frac{\Gamma\left(\frac{m+1}{2}\right)}{\Gamma\left(\frac{m}{2}\right)} \left(1 + \frac{x^2}{m}\right)^{-\frac{m+1}{2}} = \frac{1}{\sqrt{2\pi}} e^{-\frac{x^2}{2}}, \quad -\infty < x < \infty$$

より，自由度 m の t 分布は， m が十分大きいときには "標準正規分布にほぼ等しい" と考えられる.

　t 分布についての具体的な応用例については 3.3.2, 3.3.3 項を参照されたい.

- **自由度 m の χ^2 分布**: $\chi^2(m)$

　$X_1, \ldots, X_m$ は独立同分布の確率変数の列で，標準正規分布 $N(0,1)$ に従うとする．これらの 2 乗和 $S_m = X_1^2 + \cdots + X_m^2$ の確率分布を自由度 m の **χ^2 (カイ 2 乗) 分布** $(m \geqq 1)$ (chi-square distribution) とよび，その確率は

$$P\left(a \leqq S_m \leqq b\right) = \int_a^b f(x) \, dx, \quad 0 \leqq a < b < \infty$$

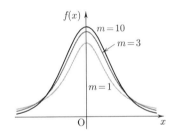

図 1.14　自由度 m の t 分布の
確率密度関数

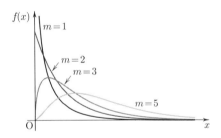

図 1.15　自由度 m の χ^2 分布
の確率密度関数

で与えられる．ただし，確率密度関数 $f(x)$ は次式で与えられる：

$$f(x) = \frac{\left(\frac{1}{2}\right)^{\frac{m}{2}}}{\Gamma\left(\frac{m}{2}\right)} x^{\frac{m}{2}-1} e^{-\frac{x}{2}}, \quad x > 0. \tag{1.9.8}$$

ここで $\Gamma(x)$ はガンマ関数である．なお，χ^2 分布は再生性 (再帰性) の性質を
もつ．

1.10　確率変数の和の分布

サイコロ投げで 1 回目に出る目を X_1，2 回目に出る目を X_2 とする．このと
き，目の和 X_1+X_2 の分布はどうなるだろうか？ つまり，$r_k = P(X_1+X_2=k)$
を求めるということである．

まず，とる値の集合については，最小値が $1+1=2$ であり，最大値が $6+6$
$=12$ である．最小値をとる組合せは $(X_1, X_2) = (1,1)$ の 1 パターンしかない．
したがって，

$$r_2 = P(X_1 + X_2 = 2) = P(X_1 = 1)P(X_2 = 1) = \left(\frac{1}{6}\right)^2 = \frac{1}{36}.$$

一方，$X_1 + X_2 = 3$ をとる組合せは $(X_1, X_2) = (1,2), (2,1)$ の 2 パターンで
ある．したがって，

$$\begin{aligned}
r_3 &= P(X_1 + X_2 = 3) \\
&= P(X_1 = 1)P(X_2 = 2) + P(X_1 = 2)P(X_2 = 1) = 2\left(\frac{1}{6}\right)^2.
\end{aligned}$$

以下，同様に続けていくと，表 1.1 のパターンとその確率を得る．それぞれの

表 1.1 2 つのサイコロの目の和のパターンと確率

k	パターン	r_k
2	(1,1)	1/36
3	(1,2), (2,1)	2/36
4	(1,3), (2,2), (3,1)	3/36
5	(1,4), (2,3), (3,2), (4,1)	4/36
6	(1,5), (2,4), (3,3), (4,2), (5,1)	5/36
7	(1,6), (2,5), (3,4), (4,3), (5,2), (6,1)	6/36
8	(2,6), (3,5), (4,4), (5,3), (6,2)	5/36
9	(3,6), (4,5), (5,4), (6,3)	4/36
10	(4,6), (5,5), (6,4)	3/36
11	(5,6), (6,5)	2/36
12	(6,6)	1/36

パターン 1 つの起こる確率は等確率で $\left(\dfrac{1}{6}\right)^2$ であるから，r_k はパターン数に比例して定まる.

　このような組合せの確率においては，該当するパターンを数え上げることが確率の計算において重要となる.

　上記は初等確率での例だが，一般的な確率ではどうなるだろうか. それは以下でみるように，組合せの確率の場合と同様，該当パターンの数え上げという原則は踏襲されることがわかる. ただ，それを一般の r_k に対して記述しなければならない.

　いま，X_1, X_2 は独立同分布で，簡単のため非負整数値をとるとし，$X_1 \sim \{p_k\}$ であるとしよう：$p_k = P(X_1 = k)\,(k = 0, 1, 2, \dots)$. このとき，$r_k = P(X_1 + X_2 = k)$ を求める. r_0, r_1, r_2 を計算してみると次のようになる：

$$r_0 = P(X_1 + X_2 = 0) = P(X_1 = 0, X_2 = 0) = P(X_1 = 0)P(X_2 = 0) = p_0^2,$$

$$r_1 = P(X_1 + X_2 = 1) = P\big(\{X_1 = 0, X_2 = 1\} \cup \{X_1 = 1, X_2 = 0\}\big)$$

$$= P(X_1 = 0, X_2 = 1) + P(X_1 = 1, X_2 = 0) = 2p_0 p_1,$$

$$r_2 = P(X_1 + X_2 = 2)$$

$$= P\big(\{X_1 = 0, X_2 = 2\} \cup \{X_1 = 1, X_2 = 1\} \cup \{X_1 = 2, X_2 = 0\}\big)$$

$$= P(X_1 = 0, X_2 = 2) + P(X_1 = 1, X_2 = 1) + P(X_1 = 2, X_2 = 0)$$

$$= p_0 p_2 + p_1^2 + p_0 p_2 = 2p_0 p_2 + p_1^2.$$

そうして，一般の r_k については $X_1 + X_2 = k$ となるような組合せパターン $\{(X_1, X_2) = (l, k - l)\}$ の確率を数え上げればよいことがわかる．すなわち，

$$r_k = P(X_1 + X_2 = k) = \sum_{l=0}^{k} P(X_1 = l, X_2 = k - l)$$

$$= \sum_{l=0}^{k} P(X_1 = l)\, P(X_2 = k - l) = \sum_{l=0}^{k} p_l\, p_{k-l}. \qquad (1.10.1)$$

この (1.10.1) の右辺を **畳み込み演算**（あるいは **合成積**，convolution）といい，$(p * p)_k$ と表す．

□□ 例題 □□ (3 つの確率変数の和の確率分布)

X_1, X_2, X_3 は独立同分布で非負整数値をとるとし，$X_1 \sim \{p_k\}$，ただし $p_k = P(X_1 = k)\ (k = 0, 1, 2, \dots)$ とする．このとき，$q_n = P(X_1 + X_2 + X_3 = n)$ $(n \in \mathbb{N}_0)$ を求めよ．

【解】 $\{X_1 + X_2 + X_3 = n\} = \bigcup_{k=0}^{n} \{X_1 + X_2 = k,\ X_3 = n - k\}$ (排反な和事象) と思えば次のように計算できる：

$$q_n = P(X_1 + X_2 + X_3 = n)$$

$$= \sum_{k=0}^{n} P(X_1 + X_2 = k,\ X_3 = n - k)$$

$$= \sum_{k=0}^{n} P(X_1 + X_2 = k)\, P(X_3 = n - k)$$

$$= \sum_{k=0}^{n} r_k\, p_{n-k} = (r * p)_n,$$

あるいは

$$= \sum_{k=0}^{n} \left(\sum_{l=0}^{k} p_l\, p_{k-l} \right) p_{n-k} = \big((p * p) * p \big)_n = \big(p * p * p \big)_n \qquad (1.10.2)$$

である．[31] □

---

31) (1.10.1), (1.10.2) をみると，$\{p_k\}$ の長さを N としたとき，1 回の畳み込み演算には $O(N^2)$ 程度の計算量，2 回の畳み込み演算には $O(N^3)$ 程度の計算量を要することがわかる．なお，$u = O(v)$ は，数列あるいは関数 u が v と増加が同程度のオーダー：$\sup |u/v| < \infty$ となることを表す．

n 個の確率変数の場合も同様である．$X_1, X_2, \ldots, X_n$ が独立同分布のとき，$X_1 + X_2 + \cdots + X_n$ の分布を $\{p_k^{(n)}\}$ とおくと，

$$p^{(n)} = p^{(n-1)} * p = p * p * \cdots * p \quad (n \text{ 個の } p \text{ の畳み込み}), \quad n = 2, 3, \ldots$$

である．

□□ **例題** □□ (連続確率変数の和の確率分布) ————————————————

X, Y は独立な連続確率変数で，それぞれ確率密度関数 $f(x), g(y)$ をもつとする．このとき，$X + Y$ の従う確率分布を求めよ．

——

【解】 $\Delta x > 0$ に対し

$$P\big(X \in (x, x + \Delta x) \big) \fallingdotseq f(x)\Delta x, \quad P\big(Y \in (y, y + dy) \big) = g(y)\,dy$$

であり，これを離散の畳み込み演算の基本形 (1.10.1) へ適用すると

$$P\big(X + Y \in (z, z + dz) \big)$$
$$= \lim_{\Delta x \to 0} \sum_k P\big(X \in (x_k, x_k + \Delta x),\ Y \in (z - x_k, z - x_k + dz) \big)$$
$$= \lim_{\Delta x \to 0} \sum_k f(x_k)\Delta x \cdot g(z - x_k)\,dz$$
$$= \lim_{\Delta x \to 0} \sum_k f(x_k)\,g(z - x_k)\,\Delta x\,dz$$
$$= \int f(x)\,g(z - x)\,dx\,dz = \big(f * g\big)(z)\,dz.$$

この $\big(f * g\big)(z)$ が $X + Y$ の確率密度関数であり[32]，

$$P\big(X + Y \in A \big) = \int_A \big(f * g\big)(z)\,dz$$

————————————————————————

[32] 確率密度であることは

$$\int \big(f * g\big)(z)\,dz = \int \left(\int f(x)\,g(z - x)\,dx \right) dz$$
$$= \int f(x) \left(\int g(z - x)\,dz \right) dx = \int f(x)\,dx = 1$$

よりわかる．$\big(f * g\big)(z)$ が連続関数であることは

$$\big(f * g\big)(z + h) - \big(f * g\big)(z) = \int f(x)\,\Big(g(z + h - x) - g(z - x)\Big)\,dx \longrightarrow 0 \quad (h \to 0)$$

よりわかる (ルベーグ (Lebesgue) の優収束定理を使う)．文献 [2]–[5], [9]–[12], [19], [20] を参照．

となる.　　　　　　　　　　　　　　　　　　　　　　　　　□

□□ **例題** □□ (**指数分布に従う確率変数の幾何和**)

$\{X_i\}$ は指数分布に従う独立同分布の確率変数とし, N は $\{X_i\}$ とは独立で幾何分布に従う確率変数とする:

$$X_i \sim \mathrm{Exp}(\lambda), \qquad N \sim \mathrm{G}(\rho).$$

このとき, $X_1 + X_2 + \cdots + X_N$ の従う確率分布を求めよ.

【解】 $P(N=n) = (1-\rho)^{n-1}\rho = p_n$, および $f(x) = \lambda e^{-\lambda x}$ $(x \geqq 0)$; $= 0$ $(x < 0)$ に対し,

$$P\big(X_1 + X_2 + \cdots + X_N \in (x, x+dx)\big)$$

$$= \sum_{n=1}^{\infty} P\Big(X_1 + X_2 + \cdots + X_N \in (x, x+dx)\,\Big|\, N = n\Big) \cdot P(N = n)$$

$$= \sum_{n=1}^{\infty} P\Big(X_1 + X_2 + \cdots + X_n \in (x, x+dx)\,\Big|\, N = n\Big) \cdot P(N = n)$$

$$= \sum_{n=1}^{\infty} P\Big(X_1 + X_2 + \cdots + X_n \in (x, x+dx)\Big) \cdot P(N = n)$$

$$= \Big(\sum_{n=1}^{\infty} f^{(n)}(x)\,dx\Big) \cdot p_n. \tag{1.10.3}$$

ここで, f の n 個の畳み込み $f^{(n)}$ は次で与えられる[33] (確かめよ):

$$f^{(n)}(x) = \begin{cases} \dfrac{\lambda^n}{(n-1)!}\, x^{n-1} e^{-\lambda x}, & x \geqq 0, \\ 0, & x < 0. \end{cases}$$

これを (1.10.3) へ代入すると, 所望の確率分布は次の確率密度関数 $g(x)$ で与えられることがわかる:

$$g(x) = \frac{P\big(X_1 + X_2 + \cdots + X_N \in (x, x+dx)\big)}{dx}$$

$$= \sum_{n=1}^{\infty} \frac{\lambda^n}{(n-1)!}\, x^{n-1} e^{-\lambda x} \times (1-\rho)^{n-1}\rho$$

$$= \lambda\rho e^{-\lambda x} \sum_{n=1}^{\infty} \frac{\big[\lambda(1-\rho)x\big]^{n-1}}{(n-1)!}$$

---

[33]　パラメータ (n, λ) のガンマ (Gamma) 分布という.

$$= \lambda\rho e^{-\lambda x}e^{\lambda(1-\rho)x} = \lambda\rho e^{-\lambda\rho x}, \quad x \geqq 0.$$

したがって，指数分布 $\mathrm{Exp}(\lambda)$ と幾何分布 $\mathrm{G}(\rho)$ の**複合分布**[34](compound distribution) は指数分布 $\mathrm{Exp}(\lambda\rho)$ になることがわかる．　　　　　　　　　□

　確率分布のなかには，和 $X_1 + X_2$ の分布がもとの分布と同じ分布族になるものがある．これを分布の **再帰性** または **再生性** (reproducibility) という．以下にいくつかの事例を示す．

―――― ポアソン分布の再生性 ――――

　確率変数 X_1, X_2 がそれぞれ $X_1 \sim \mathrm{Pois}(\lambda_1)$, $X_2 \sim \mathrm{Pois}(\lambda_2)$ で互いに独立のとき，次が成り立つ：

$$X_1 + X_2 \sim \mathrm{Pois}(\lambda_1 + \lambda_2). \tag{1.10.4}$$

　繰り返しにより，独立な $X_i \sim \mathrm{Pois}(\lambda_i)$ $(i = 1, 2, \ldots n)$ に対しては

$$X_1 + X_2 + \cdots + X_n \sim \mathrm{Pois}(\lambda_1 + \lambda_2 + \cdots + \lambda_n)$$

となることもわかる．

証明 $P(X_1 = k) = \dfrac{\lambda_1^k e^{-\lambda_1}}{k!}, P(X_2 = k) = \dfrac{\lambda_2^k e^{-\lambda_2}}{k!}$ のとき, $P(X_1+X_2 = k)$ は次のようになる：

$$
\begin{aligned}
P(X_1 + X_2 = k) &= \sum_{l=0}^{k} P(X_1 = l)P(X_2 = k - l) \\
&= \sum_{l=0}^{k} \frac{\lambda_1^l e^{-\lambda_1}}{l!} \cdot \frac{\lambda_2^{k-l} e^{-\lambda_2}}{(k-l)!} \\
&= e^{-(\lambda_1+\lambda_2)} \sum_{l=0}^{k} \frac{\lambda_1^l \lambda_2^{k-l}}{l!(k-l)!} \\
&= \frac{e^{-(\lambda_1+\lambda_2)}}{k!} \sum_{l=0}^{k} \frac{k!}{l!(k-l)!} \cdot \lambda_1^l \lambda_2^{k-l} \\
&= \frac{(\lambda_1 + \lambda_2)^k e^{-(\lambda_1+\lambda_2)}}{k!}.
\end{aligned}
$$

これは $X_1 + X_2 \sim \mathrm{Pois}(\lambda_1 + \lambda_2)$ を示している．　　　　　　■

---

34) 複合分布とは，ここでの $\{X_i\}$ の分布と N の分布のように，複数の確率分布の影響を受けて与えられる分布のことである．

———— **正規分布の再生性** ————

確率変数 X_1, X_2 がそれぞれ $X_1 \sim N(\mu_1, \sigma_1^2)$, $X_2 \sim N(\mu_2, \sigma_2^2)$ で互いに独立のとき，次が成り立つ：

$$X_1 + X_2 \sim N(\mu_1 + \mu_2, \sigma_1^2 + \sigma_2^2). \tag{1.10.5}$$

繰り返しにより，独立な $X_i \sim N(\mu_i, \sigma_i^2)$ $(i = 1, 2, \ldots, n)$ に対しては

$$X_1 + X_2 + \cdots + X_n \sim N\big(\mu_1 + \mu_2 + \cdots + \mu_n,\ \sigma_1^2 + \sigma_2^2 + \cdots + \sigma_n^2\big)$$

となることもわかる．

証明　一般に

$$X \sim N(\mu, \sigma^2) \iff X - \mu \sim N(0, \sigma_i^2)$$

であるから，$X_i - \mu$ をあらためて X_i とし，同値な命題として

$$X_1 \sim N(0, \sigma_1^2),\ X_2 \sim N(0, \sigma_2^2)\ \text{で互いに独立} \implies X_1 + X_2 \sim N(0, \sigma_1^2 + \sigma_2^2)$$

を示すことにする[35]．確率密度関数 $f_1(x) = \dfrac{1}{\sqrt{2\pi\sigma_1^2}} \exp\Big(-\dfrac{x^2}{2\sigma_1^2}\Big)$ と $f_2(x) = \dfrac{1}{\sqrt{2\pi\sigma_2^2}} \exp\Big(-\dfrac{x^2}{2\sigma_2^2}\Big)$ の畳み込みを計算する：

$$\begin{aligned}
f_1 * f_2(x) &= \int_{\mathbb{R}} \frac{1}{\sqrt{2\pi\sigma_1^2}} \exp\Big(-\frac{z^2}{2\sigma_1^2}\Big) \cdot \frac{1}{\sqrt{2\pi\sigma_2^2}} \exp\Big(-\frac{(x-z)^2}{2\sigma_2^2}\Big)\, dz \\
&= \frac{1}{2\pi\sigma_1\sigma_2} \int_{\mathbb{R}} e^{-Q/2}\, dz, \tag{1.10.6}
\end{aligned}$$

ただし，

$$Q = \frac{z^2}{2\sigma_1^2} + \frac{(x-z)^2}{2\sigma_2^2} = \frac{\sigma_1^2 + \sigma_2^2}{\sigma_1^2\sigma_2^2}\Big(z - \frac{x\sigma_1^2}{\sigma_1^2 + \sigma_2^2}\Big)^2 + \frac{x^2}{\sigma_1^2 + \sigma_2^2}.$$

そうすると (1.10.6) の右辺は

---

[35]　もとの X に対し，$X - \mu$ をとることを**中心化**するという．中心化により，式の展開が煩雑になるのを避けることができる．

$$\frac{1}{2\pi\sigma_1\sigma_2}\int_{\mathbb{R}}e^{-Q/2}\,dz$$

$$=\frac{1}{2\pi\sigma_1\sigma_2}\exp\left(-\frac{x^2}{\sigma_1^2+\sigma_2^2}\right)\int_{\mathbb{R}}\exp\left[-\frac{\sigma_1^2+\sigma_2^2}{\sigma_1^2\sigma_2^2}\left(z-\frac{x\sigma_1^2}{\sigma_1^2+\sigma_2^2}\right)^2\right]dz$$

$$(1.10.7)$$

であり，この右辺の積分

$$\int_{\mathbb{R}}\exp\left[-\frac{\sigma_1^2+\sigma_2^2}{\sigma_1^2\sigma_2^2}\left(z-\frac{x\sigma_1^2}{\sigma_1^2+\sigma_2^2}\right)^2\right]dz=\int_{\mathbb{R}}\exp\left[-\frac{\sigma_1^2+\sigma_2^2}{\sigma_1^2\sigma_2^2}z^2\right]dz$$

で $\dfrac{z}{\sqrt{\frac{\sigma_1^2\sigma_2^2}{\sigma_1^2+\sigma_2^2}}}=y$ と置換すると

$$\int_{\mathbb{R}}\exp\left[-\frac{\sigma_1^2+\sigma_2^2}{\sigma_1^2\sigma_2^2}z^2\right]dz=\sqrt{\frac{\sigma_1^2\sigma_2^2}{\sigma_1^2+\sigma_2^2}}\int_{\mathbb{R}}e^{-\frac{y^2}{2}}\,dy=\sqrt{2\pi}\cdot\sqrt{\frac{\sigma_1^2\sigma_2^2}{\sigma_1^2+\sigma_2^2}}$$

となるから，(1.10.7) の左辺は

$$\frac{1}{2\pi\sigma_1\sigma_2}\int_{\mathbb{R}}e^{-Q/2}\,dz=\frac{1}{2\pi\sigma_1\sigma_2}\times\sqrt{2\pi}\cdot\sqrt{\frac{\sigma_1^2\sigma_2^2}{\sigma_1^2+\sigma_2^2}}\exp\left(-\frac{x^2}{\sigma_1^2+\sigma_2^2}\right)$$

$$=\frac{1}{\sqrt{2\pi(\sigma_1^2+\sigma_2^2)}}\exp\left(-\frac{x^2}{\sigma_1^2+\sigma_2^2}\right)$$

となる．これは，X_1+X_2 が $\sigma^2=\sigma_1^2+\sigma_2^2$ を分散とする正規分布であることを示している． ∎

1.11　二 項 分 布

コイン投げをもう少し一般化した試行を考えよう[36]．以下を仮定する：

  (B1) 1回の試行の結果は任意の二択とする．ここではそれを「成功」か「失敗」ということにする．それぞれの値を S (success)，F (failure) と書く．

  (B2) 1回の試行での「成功」「失敗」の確率をそれぞれ p,q とする．た

---

36)　「成功」「失敗」については，「右」あるいは「左」，「青」あるいは「赤」，「合格」あるいは「不合格」など，どんな文脈に置き換えてもよい．要は，ある条件が「満たされる」か「満たされない」かの二択ということである．

だし，$0 < p, q < 1$，$p + q = 1$ とする.

もし $p = q = \frac{1}{2}$ ならば二択の結果が公平に起こりうるということであり，$p \neq q$ ならば一方の結果が起こりやすい，偏りのある試行ということになる.

さて，1 回の試行について考えるだけならば，この二択の試行は試行結果を表す確率変数 X により

$$P(X = \mathrm{S}) = p, \qquad P(X = \mathrm{F}) = q \tag{1.11.1}$$

と完全に記述されてしまい，これ以上議論する余地はない. 興味の対象となるのは，繰り返しによる n 回の試行の結果，どのようなランダム系 (事象の系とその上の確率分布) をなすかということである. 例えば，

- コイン投げを 3 回行うとき，2 回以上「表」が出る確率はいくらか？
- 合格の可能性が等しく $p = 0.3$ である人達 10 人のうち，ちょうど 6 人が合格する確率はいくらか？
- 100 回の試行のうち，成功確率 $p = 0.7$ の人が 60 回以上成功する確率と $p = 0.5$ の人が 40 回以上成功する確率はどちらが大きいか？

といった様々な問題が考えられるであろう. n 回の試行を考えるに際して基本的に仮定することは，次である：

(B3) 各回の試行の結果は，前の回の影響を受けないし，次の回にも影響を及ぼさない. このような試行を 独立試行 とよぶ.

独立試行のポイントは，成功確率が毎回同じということである[37]. したがって，独立性より，n 回の試行結果が例えば $\{\mathrm{S}, \mathrm{F}, \mathrm{F}, \mathrm{S}, \ldots, \mathrm{F}, \mathrm{S}\}$ (S が r 回) などとなる確率は

$$P(X_1 = \mathrm{S}, X_2 = \mathrm{F}, X_3 = \mathrm{F}, X_4 = \mathrm{S}, \ldots, X_n = \mathrm{S})$$
$$= P(X_1 = \mathrm{S})P(X_2 = \mathrm{F})P(X_3 = \mathrm{F})P(X_4 = \mathrm{S}) \cdots P(X_n = \mathrm{S})$$
$$= pqqp \cdots p = p^r q^{n-r} \tag{1.11.2}$$

である.

---

[37] (失敗確率) $= 1 -$ (成功確率) であるから，失敗確率も毎回同じ.

コイン投げの繰り返しは，最も単純な独立試行の一つである．上記の 3 回投げて 2 回以上「表」の出る確率を考えてみよう．$p = q = \frac{1}{2}$ であるとする．3 回投げた結果には，H（表），T（裏）として，$\{H, T, H\}$, $\{T, T, H\}$, $\dots$ などいくつかのパターンが考えられる．いまはこれを全部書き出してみると，

$$\{H, H, H\}, \quad \{H, H, T\}, \quad \{H, T, H\}, \quad \{H, T, T\},$$
$$\{T, H, H\}, \quad \{T, H, T\}, \quad \{T, T, H\}, \quad \{T, T, T\}$$

の 8 通りある．そうすると，2 回以上 H の出る確率は，

$$P(\{H, H, H\}) + P(\{H, H, T\}) + P(\{H, T, H\}) + P(\{T, H, H\})$$
$$= p^3 + p^2 q + pqp + qpp = p^3 + 3p^2 q \qquad (1.11.3)$$

である．上記で全部で $8 (= 2^3)$ 通りのパターンがあるというのは，もちろん (X_1, X_2, X_3) の値の三つ組で各 X_i の値が二択ということによる．

　上記の確率を，今度は組合せの数を使って求めてみよう．求める確率は

$$P(3 回のうち 2 回以上 H が出る)$$
$$= P(3 回のうちちょうど 2 回 H が出る)$$
$$+ P(3 回のうちちょうど 3 回 H が出る)$$

の形である．ここで，

$$\begin{pmatrix} 3 回のうちちょうど 2 回 \\ H が出るパターン数 \end{pmatrix} は, \begin{pmatrix} 3 枚のカードから 2 枚を \\ 選ぶやり方のパターン数 \end{pmatrix} と同じであり,$$

$$\begin{pmatrix} 3 回のうちちょうど 3 回 \\ H が出るパターン数 \end{pmatrix} は, \begin{pmatrix} 3 枚のカードから 3 枚を \\ 選ぶやり方のパターン数 \end{pmatrix} と同じである$$

ことに注意しよう．それぞれ組合せの数は $_3\mathrm{C}_2 = 3$, $_3\mathrm{C}_3 = 1$ である．そうすると，一組の試行結果が $\{3 回のうちちょうど 2 回 H が出る\}$ となる確率は $p^2 q$，そしてそのパターン数が 3 通りということだから

$$P(3 回のうちちょうど 2 回 H が出る) = 3 \cdot \left(p^2 q\right).$$

同様に，一組の試行結果が $\{3 回のうちちょうど 3 回 H が出る\}$ となる確率は p^3，そしてそのパターン数が 1 通りということだから

$$P(3 回のうちちょうど 3 回 H が出る) = 1 \cdot \left(p^3\right).$$

これらをあわせて，(1.11.3) と同じ結果を得る．

□□ 例題 □□ (二項分布に従う確率変数の独立試行) ────────

袋の中に赤玉 4 個と白玉 3 個が入っている．玉を無作為に 1 個取り出しては戻すという試行を 3 回繰り返すとき，赤が 2 回，白が 1 回 出る確率，および赤が 1 回，白が 2 回 出る確率を求めよ．

────────────

【解】 それぞれ次のようになる：

$$_3\mathrm{C}_1\left(\frac{4}{7}\right)^2\left(\frac{3}{7}\right)^1 = \frac{144}{7^3}, \qquad _3\mathrm{C}_2\left(\frac{4}{7}\right)^1\left(\frac{3}{7}\right)^2 = \frac{108}{7^3}. \qquad \square$$

では，一般の n 回繰り返す試行であればどうなるか．「表」「裏」も「成功」「失敗」といい換えて，「成功」の回数も一般に k 回 $(k \in \{0, 1, 2, \ldots, n\})$ とすると，

$\qquad n$ 回の試行のうち k 回「成功」する確率はいくらか？

ということである．n が大きな値のときは，上記のようにすべてのパターンを網羅的に列挙するのは現実的ではない．しかし，組合せの数を使ってパターン数を数え上げることはできるであろう．つまり，n 回の試行のうち k 回「成功」するパターンを数え上げ，全パターン数の割合をとる，ということである．すなわち，組合せの確率 (p.6) に従って

$$P\big(n \text{ 回の試行のうち } k \text{ 回「成功」する}\big)$$
$$= \begin{pmatrix} n \text{ 回の試行のうち } k \text{ 回} \\ \text{「成功」する組合せの数} \end{pmatrix} \times \begin{pmatrix} n \text{ 回の試行のうち } k \text{ 回「成功」} \\ \text{するパターン 1 つが起こる確率} \end{pmatrix}$$
$$= {}_n\mathrm{C}_k\left(p^k q^{n-k}\right) \tag{1.11.4}$$

となる．この確率分布を **二項分布** (binomial distribution) といい，$B(n, p)$ で表す：

$$X \sim B(n, p) \iff p_k = {}_n\mathrm{C}_k\, p^k q^{n-k}, \quad k = 0, 1, \ldots, n.$$

この $\{p_k\}$ が確率分布であることはすぐわかる：

$$\sum_{k=0}^{n} p_k = \sum_{k=0}^{n} {}_n\mathrm{C}_k\, p^k q^{n-k} = (p + q)^n = 1^n = 1.$$

二項分布 $B(n, p)$ の期待値と分散は次で与えられる．

――――― **二項分布 $B(n, p)$ の期待値と分散** ―――――

$$\mathbb{E}[X] = np, \qquad \mathrm{Var}[X] = npq.$$

$$(\because)\ \ \mathbb{E}[X] = \sum_{k=0}^{n} k\, p_k = \sum_{k=0}^{n} k \cdot {}_n\mathrm{C}_k\left(p^k q^{n-k}\right) = \sum_{k=1}^{n} k \cdot \frac{n!}{k!(n-k)!}\left(p^k q^{n-k}\right)$$

$$= \sum_{k=1}^{n} \frac{n!}{(k-1)!(n-k)!}\left(p^k q^{n-k}\right)$$

$$= \sum_{k=1}^{n} \frac{n \cdot (n-1)!}{(k-1)!\left((n-1)-(k-1)\right)!}\, p\left(p^{k-1} q^{(n-1)-(k-1)}\right)$$

$$= np \sum_{k=1}^{n} \frac{(n-1)!}{(k-1)!\left((n-1)-(k-1)\right)!}\left(p^{k-1} q^{(n-1)-(k-1)}\right)$$

$$= np \sum_{k=0}^{n-1} \frac{(n-1)!}{k!\left((n-1)-k\right)!}\left(p^k q^{(n-1)-k}\right)$$

$$\text{（$k-1$ をあらためて k とおいた）}$$

$$= np \times \left(B(n-1, p)\ \text{の全確率}\,1\right) = np.$$

また，$\mathrm{Var}[X] = \mathbb{E}[X^2] - \left(\mathbb{E}[X]\right)^2$ により分散を計算するため，まず $\mathbb{E}[X^2]$ を求めるが，それは $k^2 = k(k-1) + k$ を用いると次のように計算できる：

$$\mathbb{E}[X^2] = \sum_{k=0}^{n} k^2 p_k = \sum_{k=0}^{n} \left(k(k-1) + k\right) \cdot {}_n\mathrm{C}_k\left(p^k q^{n-k}\right)$$

$$= \sum_{k=0}^{n} k(k-1) \cdot \frac{n!}{k!(n-k)!}\left(p^k q^{n-k}\right) + \sum_{k=0}^{n} k \cdot {}_n\mathrm{C}_k\left(p^k q^{n-k}\right)$$

$$= \sum_{k=2}^{n} \frac{n!}{(k-2)!(n-k)!}\left(p^k q^{n-k}\right) + np$$

$$= \sum_{k=2}^{n} \frac{n(n-1) \cdot (n-2)!}{(k-2)!\left(n-2-(k-2)\right)!}\, p^2\left(p^{k-2} q^{n-2-(k-2)}\right) + np$$

$$= n(n-1)p^2 \sum_{k=0}^{n-2} \frac{(n-2)!}{(k-2)!\left(n-2-(k-2)\right)!}\left(p^{k-2} q^{n-2-(k-2)}\right) + np$$

$$= n(n-1)p^2 \times \left(B(n-2, p)\ \text{の全確率}\,1\right) + np = n(n-1)p^2 + np.$$

したがって，

$$\mathrm{Var}[X] = \mathbb{E}[X^2] - \left(\mathbb{E}[X]\right)^2 = n(n-1)p^2 + np - \left(np\right)^2$$

$$= np - np^2 = np(1-p) = npq. \qquad\blacksquare$$

$X \sim B(n,p)$ ならば，X は成功確率 p の独立試行を n 回行ったときの成功回数と考えることができる．すなわち，k 回目の試行が成功のとき $X_k = 1$，失敗のとき $X_k = 0$ となるような n 個のベルヌーイ確率変数 $X_1, X_2, \ldots, X_n$ と考える．

□□ 例題 □□ (期待値，分散の求め方の別解)

$X \sim B(n,p)$ を成功確率 p の独立試行を n 回行ったときの成功回数と考えることにより，X の期待値および分散を求めよ．

【解】 $X = X_1 + \cdots + X_n$ であり，$\mathbb{E}[X_k] = 1 \cdot p + 0 \cdot (1-p) \equiv p$ であるから

$$\mathbb{E}[X] = \sum_{k=1}^{n} \mathbb{E}[X_k] = \sum_{k=1}^{n} p = np.$$

また，$\mathrm{Var}[X_k] \equiv pq$ であるから

$$\mathrm{Var}[X] = \sum_{k=1}^{n} \mathrm{Var}[X_k] = \sum_{k=1}^{n} pq = npq. \qquad \square$$

1.12　二項分布の正規近似

成功確率 p の独立試行の n 回繰り返しには，大数の法則[38]に基づいて真の確率を漸近的に推定するということが背景にある．そこで n が十分大きいときの推定量はどのような分布をしているかということになるが，図 1.16 のように，n が大きくなるにつれてきれいな釣鐘型の分布に近づいていく．数値計算的には図 1.17 のように正規分布に良くフィットすることが知られている．

$B(n,p)$ の期待値は np，分散は $np(1-p)$ であるから，この数値結果から

$$B(n,p) \simeq N\big(np, np(1-p)\big) \tag{1.12.1}$$

が成り立つのではないか？ということが示唆される．ヒストグラムと確率密度関数が近いということは，それらの分布関数が近いということであるから，(1.12.1) はつまり，確率変数 $S_n \sim B(n,p)$ に対し，

$$P(S_n \leqq x) \simeq \frac{1}{\sqrt{2\pi\sigma^2}} \int_{-\infty}^{x} e^{-\frac{(x-\mu)^2}{2\sigma^2}} \, dx, \quad \mu = np, \ \sigma^2 = np(1-p),$$

---

38)　1.13 節を参照.

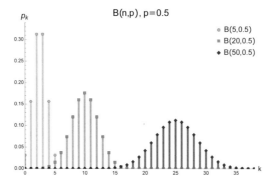

図 1.16　二項分布 $B(n, 0.5)$, $n = 5, 20, 50$.

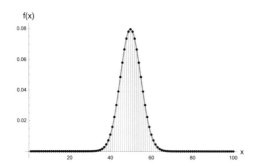

図 1.17　二項分布 $B(100, 0.5)$ (点) による正規分布 $N(50, 5^2)$ (実線) の
近似

さらに，この右辺で置換 $y = (x - \mu)/\sigma$ をして

$$= \frac{1}{\sqrt{2\pi}} \int_{-\infty}^{(x-\mu)/\sigma} e^{-\frac{y^2}{2}}\, dy$$

が成り立つのではないかということであるが，これはさらに

$$P(S_n \leqq x) = P\left(\frac{S - \mu}{\sigma} \leqq \frac{x - \mu}{\sigma} \right)$$

で $\dfrac{x - \mu}{\sigma}$ を x と書き換えれば

$$P\left(\frac{S_n - np}{\sqrt{np(1-p)}} \leqq x \right) \simeq \frac{1}{\sqrt{2\pi}} \int_{-\infty}^{x} e^{-\frac{y^2}{2}}\, dy \tag{1.12.2}$$

ということである．つまり，n が十分大きいときに分布の近似 (1.12.1) が成り立つことは，(1.12.2) が $n \to \infty$ のときに等式になることで示すことができる．実際，次の定理が知られている：

━━━ ド・モアブル–ラプラス (de Moivre-Laplace) の定理 ━━━

$S_n \sim B(n, p)$ $(0 < p < 1)$ に対して，次が成り立つ：

$$\lim_{n \to \infty} P\left(\frac{S_n - np}{\sqrt{np(1-p)}} \leqq x \right) = \frac{1}{\sqrt{2\pi}} \int_{-\infty}^{x} e^{-\frac{y^2}{2}} \, dy, \quad x \in \mathbb{R}.$$

$X_1, X_2, \ldots, X_n$ を独立同分布で $X_1 \sim B(1, p)$ とすると $S_n = X_1 + X_2 + \cdots + X_n$ であるから，上記は，独立同分布の確率変数列の和の分布は正規分布に漸近するということをいっている．このような形の定理を **中心極限定理** (central limit theorem, 略して CLT) という．「中心」とは，様々な分布族のなかで中心的な分布族である正規分布のことを指しているが，もとの 1 つひとつの「因子」である X_i の分布が二項分布ならば，多数の因子の重ね合わせの結果である系の巨視的な分布として常に中心極限定理が成り立つ．しかし実は，後述のように，X_i の分布がどのような分布であっても分散が有限でさえあれば多数の因子の重ね合わせの結果である系の巨視的な分布として常に中心極限定理が成り立つ．

上記の定理は，そのような一般的な中心極限定理の一つの特別な場合である．中心極限定理自体は通常，正規分布の分布関数への収束を述べる命題の形で与えられることが多いが，本書ではより簡単な，確率密度関数の収束[39]

$$_n\mathrm{C}_k \, p^k (1-p)^{n-k} \simeq \frac{1}{\sqrt{np(1-p)}} \exp\left(-\frac{(k-np)^2}{2np(1-p)} \right) \qquad (1.12.3)$$

の形で証明を付録に与えることにする[40]．ヒストグラムの k 番目のビン (bin)[41] の値を $x = k$ での値とする確率密度関数への収束を考えるということである．

---

[39]　各点 x での収束であり，**各点収束**という．

[40]　このような極限定理の形は**局所的極限定理** (local limit theorem) とよばれる．なお，確率密度関数の収束と確率分布関数の収束いずれも与えてある文献として例えば [5, Section 6] がある．

[41]　相対頻度を表す棒グラフの棒のこと．

□□ **例題** □□ **(コイン投げの二項確率と正規近似)** _____

公平なコインを 1 万回投げたとき，「表」の出る回数が 4950 回以上，5050 回以下である確率を求めよ．

【解】「表」の出る回数を X とおくと，$X \sim B(n, p)$, $n = 10^4$, $p = 0.5$ であり，

$$\mu = \mathbb{E}[X] = np = 5000, \quad \sigma^2 = \text{Var}[X] = np(1-p) = 50^2$$

である．二項確率

$$P(X = k) = {}_{10^4}\mathrm{C}_k \left(\frac{1}{2}\right)^k \left(\frac{1}{2}\right)^{n-k} = {}_{10^4}\mathrm{C}_k \left(\frac{1}{2}\right)^n \tag{1.12.4}$$

の和をとると

$$P(4950 \leqq X \leqq 5050) = \sum_{k=4950}^{5050} P(X = k) = 0.6875 \tag{1.12.5}$$

となり，これが真の値である．（ただし，右辺の確率の値は計算機により求めている．）これに対し，正規確率での近似値は

$$P(4950 \leqq X \leqq 5050) = P\left(\frac{4950 - \mu}{\sigma} \leqq \frac{X - \mu}{\sigma} \leqq \frac{5050 - \mu}{\sigma}\right)$$

$$= P\left(-1 \leqq \frac{X - \mu}{\sigma} \leqq 1\right) \simeq \frac{1}{\sqrt{2\pi}} \int_{-1}^{1} e^{-\frac{x^2}{2}} \, dx$$

であるが，この確率はいわゆる 1 シグマの確率[42]なので，$\fallingdotseq 0.68268$ となる．誤差は 0.7 ％ 程度である．   □

注意 1.5 ここで (1.12.5) の確率の精度を上げるには，ヒストグラムの**連続補正**とよばれるものが有効である．それは (1.12.5) で二項確率のヒストグラムの左端 $k = 4950$ および右端 5050 のビンに対応して正規確率で $4950 \leqq x \leqq 5050$ の範囲の積分をとっていたものを $4950 - \frac{1}{2} \leqq x \leqq 5050 + \frac{1}{2}$ の範囲の積分にあらためるということである．その補正をすると

---

[42] **1 シグマの確率**とは，$X \sim N(\mu, \sigma^2)$ が $P(\mu - \sigma \leqq X \leqq \mu + \sigma)$ となる確率のことで，この値は 0.68 であり，2/3 よりわずかに多い確率である．
同様に，
2 シグマの確率は $P(\mu - 2\sigma \leqq X \leqq \mu + 2\sigma) \fallingdotseq 0.95$,
3 シグマの確率は $P(\mu - 3\sigma \leqq X \leqq \mu + 3\sigma) \fallingdotseq 0.997$
である．

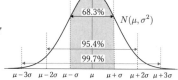

$$P\left(4950 - \frac{1}{2} \leqq X \leqq 5050 + \frac{1}{2}\right) = P\left(\frac{4950 - \frac{1}{2} - \mu}{\sigma} \leqq \frac{X - \mu}{\sigma} \leqq \frac{5050 + \frac{1}{2} - \mu}{\sigma}\right)$$

$$\simeq \frac{1}{\sqrt{2\pi}} \int_{-1.01}^{1.01} e^{-\frac{x^2}{2}}\, dx = 0.6875$$

となる. ただし, 右辺の確率の値は正規分布表により求めた. なお, (1.12.4) の確率 $\sum_{k=4950}^{5050} P(X = k)$ をスターリングの公式 (付録参照) により近似したものに基づいて求めると 0.68751 となり, これ自体も非常に近似精度が良いことがわかる.

1.13 大数の法則

ド・モアブル–ラプラスの定理は, 独立同分布の確率変数の列 $X_1, X_2, \ldots, X_n$ が $X_1 \sim B(1, p)$ のとき, 和 $S_n = X_1 + X_2 + \cdots + X_n \sim B(n, p)$ の分布は正規分布に漸近するという命題の一つの形式を述べている. いま, $\mu_n = \mathbb{E}[S_n] = np$, $\sigma_n^2 = \mathrm{Var}[S_n] = npq$ として同値ないい換えをすると, 任意の $x > 0$ に対し, n が十分大きいとき

$$P\left(\left|\frac{S_n - \mu_n}{\sigma_n}\right| \geqq x\right) \simeq \frac{2}{\sqrt{2\pi}} \int_x^\infty e^{-\frac{y^2}{2}}\, dy,$$

あるいは

$$P\left(\left|\frac{1}{n}S_n - p\right| \geqq \sqrt{\frac{pq}{n}}\, x\right) \simeq \frac{2}{\sqrt{2\pi}} \int_x^\infty e^{-\frac{y^2}{2}}\, dy$$

で, $\sqrt{\dfrac{pq}{n}}\, x = z$ とおけば

$$P\left(\left|\frac{1}{n}S_n - p\right| \geqq z\right) \simeq \frac{2}{\sqrt{2\pi}} \int_{\sqrt{n/(pq)}\, z}^\infty e^{-\frac{y^2}{2}}\, dy \tag{1.13.1}$$

という式が得られる. $n \to \infty$ で右辺 $\to 0$ である.

我々は経験的に, コイン投げの独立試行の結果, 「表」の出る回数の割合が真の確率へ収束することを知っているが, 上記のことはつまり, n 回の独立試行のうちの成功回数の割合 (相対頻度) が真の成功確率 p に漸近するということであり, 真の確率へ収束が理論的にも保証されているということである. この命題は, 実は X_i が二項分布以外の分布に従う場合でも成り立つ. この命題, **大数の法則** (law of large numbers, 略して LLN) を以下のように述べておく.

── 大数の法則 ──

　独立同分布の確率変数 $X_1, X_2, \ldots, X_n$ が期待値 $\mu\,(\in \mathbb{R})$, 分散 $\sigma^2\,(< \infty)$ をもつとする．このとき，任意の $\varepsilon > 0$ に対して，次が成り立つ：

$$\lim_{n \to \infty} P\left(\left| \frac{1}{n} S_n - \mu \right| > \varepsilon \right) = 0. \tag{1.13.2}$$

　(1.13.2) は，大数の法則は基本的には，算術平均 [43] $\dfrac{1}{n} S_n$ が真の期待値 μ に収束するということをいっている．つまり，どんなに小さな値 $\varepsilon > 0$ を指定しても，残差 $\dfrac{1}{n} S_n - \mu$ がそれより大きな値をとる確率は 0 に近づく，といっている．同値ないい換えは

$$\lim_{n \to \infty} P\left(\left| \frac{1}{n} S_n - \mu \right| \leqq \varepsilon \right) = 1$$

である．この間接的な収束の記述の仕方を特に**大数の弱法則**という．一方，標本平均 $\dfrac{1}{n} S_n$ が，真の期待値 μ へ収束する確率は 1 である，という記述の仕方もあり，こちらは**大数の強法則** [44] とよばれ，証明は一段階，より難しい．

　証明　以下に述べるチェビシェフの不等式から

$$P\left(\left| \frac{1}{n} S_n - \mu \right| > \varepsilon \right) \leqq \frac{1}{\varepsilon^2} \mathrm{Var}\left[\frac{1}{n} S_n \right]$$

$$= \frac{1}{\varepsilon^2} \frac{n \sigma^2}{n^2} = \frac{1}{\varepsilon^2} \frac{\sigma^2}{n} \longrightarrow 0$$

となる．∎

　チェビシェフの不等式は，確率変数の偏差の大きい確率を分散に基づいて評価するための簡便なツールで，次のように与えられる：

---

43)　統計学では，標本 (サンプル) 平均ともいう．
44)　文献 [2], [3], [4], [10] などを参照．

─────── チェビシェフ (Tchebychev) の不等式 ───────

確率変数 X が有限の期待値 μ および分散 σ^2 をもつとき, 任意の $\varepsilon > 0$ に対して, 次が成り立つ:

$$P\big(\,|\,X - \mu\,| > \varepsilon\,\big) \leqq \frac{\sigma^2}{\varepsilon^2}. \tag{1.13.3}$$

証明 X が連続確率変数の場合について示す. 離散確率変数の場合も同様である.

$$\Omega = \{\omega \,|\, |\,X(\omega) - \mu\,| > \varepsilon\} \cup \{\omega \,|\, |\,X(\omega) - \mu\,| \leqq \varepsilon\}$$

と排反事象に分割すると

$$\begin{aligned}
\mathrm{Var}[X] &= \mathbb{E}\big[\,(X - \mu)^2\,\big] \\
&= \mathbb{E}\big[\,(X - \mu)^2\,\mathbb{I}\big(\,|\,X(\omega) - \mu\,| > \varepsilon\,\big)\,\big] + \mathbb{E}\big[\,(X - \mu)^2\,\mathbb{I}\big(\,|\,X(\omega) - \mu\,| \leqq \varepsilon\,\big)\,\big] \\
&\geqq \varepsilon^2\,\mathbb{E}\big[\,\mathbb{I}\big(\,|\,X(\omega) - \mu\,| > \varepsilon\,\big)\,\big] + 0 \\
&= \varepsilon^2 P\big(\,|\,X - \mu\,| > \varepsilon\,\big)
\end{aligned}$$

よりわかる. ここで $\mathbb{I}(x)$ は定義関数である. ■

コイン投げやサイコロ投げのような簡単な系では, 「表」の出る確率は $\frac{1}{2}$ で, 6 の目の出る確率は $\frac{1}{6}$ などということは既に経験的に知っているが, 一般の系ではそういった真の確率の値は知りえないことも多いであろう. しかし, 少なくとも大数の法則が成り立つ状況では, 我々はデータから算術平均 $\frac{1}{n}S_n$ をとることはいつでも可能であり, これによって真の期待値 μ を**推定**することができる.

大数の法則が標本平均の期待値への収束を保証する定理であるのに対し, そこにおける残差 $\frac{1}{n}S_n - \mu$ の分布について記述するものの一つが, 前節で述べたド・モアブル–ラプラスの定理である. これは独立同分布の $X_i \sim \mathrm{B}(p)$ に対し, $S_n = X_1 + X_2 + \cdots + X_n \sim B(n, p)$ の分布が正規分布に漸近することをいっているが, より一般に, もとの各 X_i の分布が何であっても, 分散が有限である限り, 中心極限定理は成り立つ. 本節の最後にその一般的な定理を述べておく. これは次章以降の統計的仮説検定の根拠となる.

━━━━━ 中心極限定理 ━━━━━

　独立同分布の確率変数の列 $X_1, X_2, \ldots, X_n$ が期待値 $\mu\,(\in \mathbb{R})$, 分散 σ^2 $(\in (0, \infty))$ をもつとする. このとき, 任意の $x\,(\in \mathbb{R})$ に対して次が成り立つ：

$$\lim_{n\to\infty} P\left(\frac{1}{\sqrt{n}} \sum_{i=1}^{n} \frac{X_i - \mu}{\sigma} < x \right) = \int_{-\infty}^{x} \frac{1}{\sqrt{2\pi}}\, e^{-\frac{u^2}{2}}\, du. \qquad (1.13.4)$$

　つまり, $\{X_i\}$ の分布が何であっても, その正規化の和は標準正規分布 $N(0,1)$ へ漸近する. 注意すべきなのは, 大数の法則では

$$\frac{1}{n} S_n - \mu = \frac{S_n - n\mu}{n} = \frac{1}{n} \sum_{i=1}^{n} (X_i - \mu)$$

のように $\dfrac{1}{n}$ 倍で考えていたが, 中心極限定理では

$$\frac{\sqrt{n}}{\sigma} \left(\frac{1}{n} S_n - \mu \right) = \frac{S_n - n\mu}{\sqrt{n}\,\sigma} = \frac{1}{\sqrt{n}} \sum_{i=1}^{n} \frac{X_i - \mu}{\sigma}$$

のように $\dfrac{1}{\sqrt{n}}$ 倍することである. 証明は, 特性関数 (分布のフーリエ (Fourier) 変換) を使ったものが基本であるが, 本書の範囲を超えるので割愛する[45].

章末問題

1. (1) n 桁の 2 進数は何通りの数を表せるか. 同様に, n 桁の 10 進数は何通りの数を表せるか.

(2) 9 枚のカードがあり, それぞれに $1, \ldots, 9$ が記されているとする. このカードを並べて n 桁の数をつくる際, うち k 桁には 0 が入るものとする. $k \leqq n \leqq 10$ とするとき, このカードを並べてつくる n 桁の数は何通りあるか. なお, 先頭に 0 があってもよいものとする.

(3) (2) のカード 9 枚が r セットあるとする. このカードを並べて n 桁の数をつくる際, うち k 桁には 0 が入るものとする. $r \geqq n \geqq 10$ とするとき, このカードを並べてつくる n 桁の数は何通りあるか.

2. ある製品 1 ロット 30 個当たりに良品が 27 個, 不良品が 3 個入っているという.

───────────

45) 巻末の参考文献 [2]–[5], [9]–[12], [19], [20] を参照されたい.

1 ロットから無作為に 2 個を取り出すとき，不良品の個数の分布を求めよ．

3. 酔っ払いが各時刻 $t = 1, 2, \ldots$ で右に $+1$ か左に -1 だけ移動するものとする．各移動は完全にランダムになされるとすると，$t = n$ で位置 $n - 2k$ $(k = -n, -n + 1, \ldots, n - 1, n)$ にいる確率は ${}_n\mathrm{C}_k \cdot \left(\dfrac{1}{2}\right)^n$ であることを示せ．

4. 独立試行の列において，ある定数列 $\{a_n\}$ に対し n 回目の成功確率が $\dfrac{1}{a_n}$ $(\in (0, 1))$ で，$\dfrac{n}{a_n} \longrightarrow r \, (\in (0, \infty))$ とする．このとき，n 回目までに成功する確率を求めよ．また，$n \to \infty$ ではどうか．

5. X は非負整数値の確率変数で，確率分布を $P(X = k) = p_k$ $(k = 0, 1, 2, \ldots)$ とする．このとき，期待値について一般に次の等式が成り立つことを証明せよ：

$$\mathbb{E}[X] = \sum_{k=1}^{\infty} P(X \geqq k).$$

また，X が非負実数値の確率変数の場合はどうか．

6. 標準正規分布 $N(0, 1)$ について，次の**モーメント等式**を示せ：

$$\mathbb{E}\big[X^{2k}\big] = 1 \times 3 \times 5 \times \cdots \times (2k - 1), \quad k = 1, 2, \ldots.$$

7. 製品を詰めた箱があり，500 箱中 500 個の不良品があったとする．このとき，1 箱に 3 個以上の不良品が含まれている確率はいくらか．

8. 公平なコインを n 回投げたとする．「表」の出た回数と「裏」の出た回数の差を X_n とおくとき，X_n の確率分布を求めよ．

9. $X \sim B(N, p)$，ただし $N \sim \mathrm{Pois}(\lambda)$ で $\lambda \, (> 0)$ は定数とする．このとき，X の分布を求めて期待値を計算せよ．

10. 二項分布の正規近似に対し，ポアソン分布 $\mathrm{Pois}(\lambda)$ で $\lambda \to \infty$ の正規近似の定理を証明せよ．

11. 公平なコインを投げる独立試行において，i 回目の結果を X_i とする：$P(X_i = 1) = P(X_i = 0) = 1/2$．いま，$n = 10000$ 回の試行に対し「表」の出る回数が何回以上また何回以下の確率が 95 ％ となるか？

12. $X_1, X_2, \ldots, X_m$ を独立同分布の非負整数値をとる確率変数で $X_1 \sim \{p_k \mid k = 0, 1, 2, \ldots\}$ とする．$r_n = \sum_{k=n}^{\infty} p_k$ とおくと，

$$\mathbb{E}\big[\min(X_1, \ldots, X_m)\big] = \sum_{k=1}^{\infty} r_k^m$$

となることを示せ．ただし，$\min(X_1, \ldots, X_m)$ は $\{X_1, \ldots, X_m\}$ の最小値である．

13. X, Y は独立同分布で非負実数値をとり，確率密度関数 $f : [0, \infty) \mapsto \mathbb{R}$ をもつとする．このとき，次の確率変数の確率密度関数を f を用いて表せ．

(i) X^3 (ii) $2X + 3$ (iii) $X - Y$ (iv) $|X - Y|$

14. X を実数値確率変数，a を任意の実数とする．任意の単調減少実数列 $\varepsilon_n \to 0$ に対し，次が成り立つことを示せ：

(i) $\{X < a\} = \bigcup_{n=1}^{\infty} \{X \leqq a - \varepsilon_n\}$ (ii) $\{X \leqq a\} = \bigcap_{n=1}^{\infty} \{X < a + \varepsilon_n\}$

15. 次の漸近公式を証明せよ：n が十分大きな正の整数のとき，

$$1 + n + \frac{n^2}{2!} + \cdots + \frac{n^n}{n!} \simeq \frac{1}{2} e^n.$$

(なお，この式は $y = e^x$ のマクローリン展開 $1 + x + \dfrac{x^2}{2!} + \cdots + \dfrac{x^n}{n!} \simeq e^x$ において変数 x を n としたものになっている．このように $x = n$ とした場合，上式の右辺には $\dfrac{1}{2}$ が付いている．)

16. 次の等式を証明せよ：

$$\mathrm{Var}[Y] = \mathbb{E}\big[\,\mathrm{Var}[Y|X]\,\big] + \mathrm{Var}\big[\,\mathbb{E}[Y|X]\,\big].$$

17. $\mathbb{E}[(x-a)^2]$ を最小にする a は期待値 $\mathbb{E}[X]$ であることを示せ．また，$P(X \geqq m_e) \geqq \frac{1}{2}$ かつ $P(X \leqq m_e) \geqq \frac{1}{2}$ を満たす実数 m_e を**メディアン**というが，$\mathbb{E}[|x-a|]$ を最大にする a はメディアン m_e であることを示せ．

18. 確率変数 X, Y が必ずしも独立でないとき，$\mathbb{E}[(X - \mu_X)(Y - \mu_Y)]$ を X, Y の**共分散** (covariance) といい，$\mathrm{Cov}[X, Y]$ と表す．このとき，

$$\mathrm{Cov}[X, Y] = \mathbb{E}[XY] - \mu_X \mu_Y$$

を示せ．また，確率変数の列 $X_1, \ldots, X_n$ に対し，次を示せ：

$$\mathrm{Var}\left[\sum_{i=1}^{n} X_i\right] = \sum_{i=1}^{n} \mathrm{Var}[X_i] + 2 \sum_{1 \leqq i < j \leqq n} \mathrm{Cov}[X_i, X_j].$$

さらに，$\{X_1, \ldots, X_n\}$ が弱定常列：$\mathrm{Cov}[X_i, X_j] \equiv \mathrm{Cov}[X_{|i-j|+1}, X_1]$ のときはどうなるか．

19. 独立同分布の確率変数 X, Y に対し，$\mathbb{E}[X|X+Y] = \mathbb{E}[Y|X+Y] = \dfrac{X+Y}{2}$ を示せ．

20. 独立同分布の確率変数の列 $X_1, \ldots, X_n$ に対し，$S_n = X_1 + \cdots + X_n$ とするとき，$\mathbb{E}[X_1 | S_n, S_{n+1}, \ldots] = \dfrac{S_n}{n}$ を示せ．

2

応用編 (統計学 1)：記述統計

　ここでは，調査や実験，観察などから集めたデータの整理の方法について学ぶ．表やグラフにまとめるだけではなく，データの集まりの特徴を示す指標を適切に用いることによって，データのもつ情報を適切に読み取り数理的な判断の基礎とすることができる．

2.1　資料の整理

　どのような状況にあるか知りたいと思う事柄，人々の行動や実験での観察，検査項目の観測など，1つひとつのデータを集計し，結果をまとめる．データのまとまりを **資料** あるいは **集団** とよぶ．そして，対象としている資料の特徴を数値化し全体を視覚的に把握するために図表を利用することで，資料のもつ情報を知り，比較や判断の基礎とする．

　測定されるデータには，離散的な値をとるものと，連続的な値をとるものがある．それぞれ **離散変量**，**連続変量** とよぶ．また，例えばアンケートなどでは，質問項目の結果を数値に置き換えて，計算しやすいように工夫する．性別，観測時点での天候の状況，意見への賛成や反対などの性質を表すデータを **質的データ** とよび，テストの結果の点数，長さの計測や物理量の観測結果などから得られる数値を **量的データ** とよぶ．

　ところで，天候の観測において，観測する人によって晴れであるか曇りであるか異なったのでは，資料を比較することは難しくなる．また，身長を測るときに，実際には連続量であるけれど，普通はせいぜい mm 単位までの数値としてデータを記録するため，実際には測定誤差を含んでいる．このように，データの集計に際しても，どのような条件で行うかにあらかじめ注意しておかなければならない．これらのことを十分考慮したうえで，まずは，集めた資料をどのように

69

整理していけばよいかについてみていく.

例えば，20 人の学生に，それぞれの持っている電子マネーカードの種類の数を尋ねたところ，次のようであった.

4,	3,	6,	7,	5,	3,	8,	4,	9,	7
2,	4,	5,	6,	1,	8,	6,	3,	5,	4

それぞれの数値を，順番に $x_1, x_2, \ldots$ と文字でも表す. 数値の総数のことを **標本数** (sample size) とよび n で表す. いまの例の場合は，x_1 から x_{20} までの標本数 $n = 20$ の統計データである.

統計データを大きさの順に並べ替えたものを，$x_{(1)}, x_{(2)}, \ldots, x_{(n)}$ のように，x の下付添え字部分をカッコ書き (i) にして表す. すなわち，

$$x_{(1)} \leqq x_{(2)} \leqq \cdots \leqq x_{(n-1)} \leqq x_{(n)}$$

と表したとき，この統計データの **最大値** $\max x_i$ は $x_{(n)}$ の値であって，**最小値** $\min x_i$ は $x_{(1)}$ の値のことである.

統計データのとりうる値が 10 個程度かそれよりも少ないときには，データの値の頻度を数えて，それをもとに **度数分布表** (frequency table) をつくることが多い. 頻度のことを **度数** (frequency) ともいう.

上の例の場合はデータのとりうる値は $1, 2, 3, 4, 5, 6, 7, 8, 9$ の 9 個で，表 2.1 のような度数分布表と，図 2.1 のような離散変量の **ヒストグラム** ができる. 統

表 2.1 離散変量
の度数分布表の例

x_i	正の字	度数
1	一	1
2	一	1
3	下	3
4	正	4
5	下	3
6	下	3
7	丁	2
8	丁	2
9	一	1
計		20

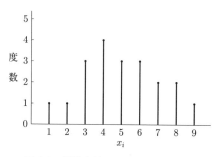

図 2.1 離散変量のヒストグラムの例

計データのとりうる値が k 個であるとき，それらをまた $x_1, x_2, \ldots, x_k$ と k 個の値で表し，それぞれの度数を $f_i\,(i = 1, 2, \ldots, k)$ と表す．このとき，標本数 $n = \sum_{i=1}^{k} f_i$ である．

次節で，度数分布表とヒストグラムについて詳しくみていく．

2.2　度数分布表

離散変量と連続変量のそれぞれについて，以下に説明するような **度数分布表** と **ヒストグラム** (histogram, 柱状グラフ) を作成することで，統計データの分布の状況を知ることができる．

注意 2.1　(具体的な) 統計分析において，ヒストグラムは第 1 章における抽象的な確率分布における確率密度関数 (1.6 節の図 1.7 と図 1.8 の左図を参照) に対応する概念である．

離散変量のときは，k 種類のとりうる値 $x_1, x_2, \ldots, x_k$，または，あらかじめ決めた k 種類の区間のいずれかに含まれるそれぞれの度数 f_i を調べる．連続変量のときは，あらかじめ決めた k 種類の区間のいずれかに含まれるデータの度数をそれぞれ調べて，度数分布表とヒストグラムを作成する．区間のそれぞれを **階級** とよび，各階級の真ん中の値を **階級値** (class mark) とよぶ．区間のとり方は，統計データの状況の応じて等間隔であったり，ある範囲は他とは異なる区間の幅をとり，その区間内の度数として集約したりする．各区間の端点の値を決めて，例えば，データの値が x のとき $a_i \leqq x < a_{i+1}$ であれば，i 番目の階級

表 2.2　度数分布表の例

階級 $a_i \leqq x < a_{i+1}$	階級値 x_i	度数 f_i
$a_1 \leqq x < a_2$	x_1	f_1
$a_2 \leqq x < a_3$	x_2	f_2
$\vdots$	$\vdots$	$\vdots$
$a_i \leqq x < a_{i+1}$	x_i	f_i
$\vdots$	$\vdots$	$\vdots$
$a_k \leqq x < a_{k+1}$	x_k	f_k
計		n

のデータとして度数を数える．この区間の階級値は $x_i = \dfrac{a_i + a_{i+1}}{2}$ である．度数分布表の例を表 2.2 に示す．

◎**例 2.1.** 以下の統計データ (表 2.3) をもとに，データのとりうる値の範囲は 0 から 100 までと考えて，階級の個数が 10 個 (階級の右端点が 10, 20, 30, 40, 50, 60, 70, 80, 90, 100) のヒストグラムを求めよ．

表 2.3 数学の成績 (50 人)

50,	28,	70,	51,	60,	48,	58,	71,	37,	56
39,	76,	22,	33,	79,	27,	57,	65,	70,	87
32,	68,	15,	76,	35,	38,	44,	51,	51,	32
55,	30,	59,	46,	49,	53,	97,	20,	77,	58
64,	65,	39,	54,	67,	57,	65,	44,	50,	25

【解】 表 2.4，図 2.2 が度数分布表とヒストグラムである．   □

表 2.4 度数分布表の例

階級	階級値	正の字	度数
0 – 10	5		0
10 – 20	15	一	1
20 – 30	25	正	5
30 – 40	35	正 亅	9
40 – 50	45	正	5
50 – 60	55	正 正 亅	14
60 – 70	65	正 丅	7
70 – 80	75	正 丅	7
80 – 90	85	一	1
90 – 100	95	一	1
計			50

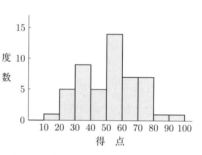

図 2.2 連続変量のヒストグラムの例

さらに，第 i 番目の階級の度数を調べたときに，階級内に含まれる度数 f_i と標本数 N との比率 f_i/N を **相対度数** として求めたり，各階級の右端の値 a_{i+1} 未満の値となるすべての標本の度数を数えた **累積度数** $F_i = \displaystyle\sum_{j=1}^{i} f_j$ と標本数 N とのそれぞれの比率 F_i/N を **累積相対度数** として求めて度数分布表に表すこともある (表 2.5, 2.6)．

表 2.5 累積度数分布表の例

階　　級 $a_i \leqq x < a_{i+1}$	階級値 x_i	度数 f_i	相対度数 f_i/N	累積度数 F_i	累積相対度数 F_i/N
$a_1 \leqq x < a_2$	x_1	f_1	f_1/N	F_1	F_1/N
$a_2 \leqq x < a_3$	x_2	f_2	f_2/N	F_2	F_2/N
$\vdots$	$\vdots$	$\vdots$	$\vdots$	$\vdots$	$\vdots$
$a_i \leqq x < a_{i+1}$	x_i	f_i	f_i/N	F_i	F_i/N
$\vdots$	$\vdots$	$\vdots$	$\vdots$	$\vdots$	$\vdots$
$a_k \leqq x < a_{k+1}$	x_k	f_k	f_k/N	F_k	F_k/N
計		N	1.00		

　また，各階級の上限値と累積度数を点の座標にとり **累積度数分布図** (または累積度数折れ線) とよぶグラフ (図 2.3) を作成し，収集した統計データについて，累積相対度数からデータの値を見積もることに利用できる.

表 2.6 離散変量の度数分布表の例

x_i	度数	相対度数	累積度数	累積相対度数
1	1	0.05	1	0.05
2	1	0.05	2	0.10
3	3	0.15	5	0.25
4	4	0.20	9	0.45
5	3	0.15	12	0.60
6	3	0.15	15	0.75
7	2	0.10	17	0.85
8	2	0.10	19	0.95
9	1	0.05	20	1.00
計	20	1		

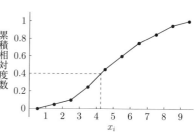

図 2.3 離散変量の累積度数分布図の例

　注意 2.2 (具体的な) 統計分析において，累積度数分布図は第 1 章における抽象的な確率分布における確率分布関数 (1.6 節の図 1.7 と図 1.8 の **右図** (p.27) を参照) に対応する概念である.

　ただし，離散変量の度数分布表で階級が上限値をもたないような場合は，累積度数分布図をつくるときに，連続変量のときのように上限値を定めてつくる. 累積相対度数を利用することで，例えば，累積相対度数の値が 40 % となるデータ

の値を見積もろうと思えば，累積度数分布図の縦軸の 40 ％ にあたる横軸のデータの値を求めればよい (図 2.3).

2.3 代表値

度数分布表やヒストグラムとは別の視点から統計データの集団の特徴をみてみようとするときに，まずはじめに調べることは，対象とするデータの分布状況の中心的位置を知ることである.

(1) n 個の統計データ $x_1, x_2, \ldots, x_n$ に対して， 平均値 (mean) $\overline{x}$ は以下のようにして求められる：

$$\overline{x} = \frac{x_1 + x_2 + \cdots + x_n}{n} = \frac{1}{n} \sum_{i=1}^{n} x_i. \tag{2.3.1}$$

平均値は， 算術平均 (arithmetic mean) または 標本 (サンプル) 平均 (sample mean) ともよばれる.

階級に属する値の度数を調べた度数分布表から平均値を求めるときは，データのもとの値は各階級の階級値に置き換わるので，次のようにして平均値を求める. k 個の階級に分けられた度数分布表のそれぞれの階級値を x_i，度数を f_i，標本数を N とするとき，

$$\overline{x} = \frac{x_1 f_1 + x_2 f_2 + \cdots + x_k f_k}{N} = \frac{1}{N} \sum_{i=1}^{k} x_i f_i \tag{2.3.2}$$

と計算して平均値を求める.

他に，例えば売上高の増加率のように，観測時点ごとに増減変化の割合を調べていき，それらの値を統計データ x_i として n 期間 (n 個) の標本としたときに用いられる平均値として 幾何平均 (geometric mean)

$$\sqrt[n]{x_1 \times x_2 \times \cdots \times x_n} \tag{2.3.3}$$

がある. これは，データの値をすべて積にとってその値の n 乗根の値である. また，データのもつ単位の特性から，データの値の逆数をもとにした算術平均

$$\frac{1}{n} \left(\frac{1}{x_1} + \frac{1}{x_2} + \cdots + \frac{1}{x_n} \right) \tag{2.3.4}$$

の逆数によって求められる 調和平均 (harmonic mean) を平均値として用いる場合もある.

(2) 統計データを大きさの順に並べたときのちょうど真ん中の値を **中央値** (median, **メディアン**) とよぶ. すなわち,

$$x_{(1)} \leqq x_{(2)} \leqq \cdots \leqq x_{(n-1)} \leqq x_{(n)}$$

と n 個のデータが並んでいるときに,

$$\begin{cases} x_{\left(\frac{n+1}{2}\right)} & (n \text{ が奇数のとき}), \\ \dfrac{x_{\left(\frac{n}{2}\right)} + x_{\left(\frac{n}{2}+1\right)}}{2} & (n \text{ が偶数のとき}) \end{cases} \tag{2.3.5}$$

として, 中央値が求められる. 階級に分けられた度数分布表の中央値についてはいくつかの考え方があり, 累積相対度数の 0.5 の値を含む階級の階級値とする場合や, 以下に説明するパーセンタイルの考え方で中央値を求めることもある. **p パーセンタイル** (percentile) のデータ値とは, 累積度数分布図の縦軸の値が $p\%$ であるときの横軸の対応する値のことをいう. したがって, 累積相対度数に $p\%$ の値を含む階級において, その階級と累積相対度数の関係を表す直線の方程式から, 逆関数を表す直線の方程式を用いて p パーセンタイルの値は容易に求められる. これをもとに, 50 パーセンタイルの値を中央値とする考え方もある.

(3) 統計データの度数分布から, 度数の最も大きいデータの値を **モード** (mode, **最頻値**) とよぶ. 階級に分けられた度数分布表のモードは, 度数の最も大きい階級の階級値を用いる. モードは 2 つ以上ある場合もある.

この他に, データの最小値と最大値の算術平均から求められる **ミッドレンジ** (midrange)

$$\frac{x_{(1)} + x_{(n)}}{2} \tag{2.3.6}$$

も統計データの中心的位置を表す数値として用いられることがある.

◎**例 2.2.** 20 人の学生に, それぞれの持っている電子マネーカードの種類の数を尋ねたところ, 次のようであった.

4,	3,	6,	7,	5,	3,	8,	4,	9,	7
2,	4,	5,	6,	1,	8,	6,	3,	5,	4

この統計データについて, 平均値, 中央値, モード, ミッドレンジを求めよ.

【解】 度数分布表は表 2.1 のようになることは前に示している. 平均値 $\bar{x}$ を求

めると

$$\overline{x} = \frac{4+3+6+7+5+3+8+4+9+7+2+4+5+6+1+8+6+3+5+4}{20}$$

$$= \frac{100}{20} = 5$$

である．中央値は，データを大きさの順に並べたときに，$x_{(10)} = 5$, $x_{(11)} = 5$ であるから

$$\frac{x_{(10)} + x_{(11)}}{2} = \frac{5+5}{2} = 5$$

である．モードは，度数分布表 (表 2.1) より度数の最も多い階級のデータの値であるから 4 である．ミッドレンジは，$x_{(1)} = 1$, $x_{(20)} = 9$ であるから $\frac{x_{(1)} + x_{(20)}}{2} = \frac{1+9}{2} = 5$ である．　　　　　　　　　　　　　□

　平均値，中央値，モードは統計データの特徴をみるためによく使われるが，例えば，2 つのデータの集団に対してデータの分布状況が異なっていても同じ平均値になることもある．これらの代表値だけではデータの集団の特徴を説明することは難しい．次節で，データの分布の状況をさらに知るための指標についてみていく．

2.4　散布度と相関

　統計データの平均値などの中心的位置が同じようなものであっても，1 つひとつのデータがどのような変動をしているかによって集団の分布の状況は異なる．データの散らばりの度合い (バラツキ) がどのようであるか調べるには，以下のようなものがあげられる．

　(1) n 個のデータ $x_1, x_2, \ldots, x_n$ とその算術平均 $\overline{x}$ をもとに，各データと平均の差の 2 乗の値 $(x_i - \overline{x})^2$ の和を標本数 n で割ったもの

$$s^2 = \frac{(x_1 - \overline{x})^2 + (x_2 - \overline{x})^2 + \cdots + (x_n - \overline{x})^2}{n}$$

$$= \frac{1}{n} \sum_{i=1}^{n} (x_i - \overline{x})^2 \tag{2.4.1}$$

を **標本分散** (sample variance) とよぶ．また，標本分散 s^2 の正の平方根

$$s = \sqrt{\frac{1}{n} \sum_{i=1}^{n} (x_i - \overline{x})^2} \tag{2.4.2}$$

を **標本標準偏差** (sample standard deviation) とよぶ. データ x_i の値と統計データの中心を表す平均 $\overline{x}$ との差の 2 乗の和から計算されるこれらの数値は, 大きければ大きいほど中心からのデータのバラツキが大きいといえる.

(2) 統計データの最大値 $\max x_i$ と最小値 $\min x_i$ の差によって求められる数値

$$R = \max x_i - \min x_i = x_{(n)} - x_{(1)} \tag{2.4.3}$$

を **範囲** (range, **レンジ**) とよぶ.

(3) 数直線上に各データ x_i と算術平均 $\overline{x}$ の値があるときに, x_i と $\overline{x}$ との距離を **偏差** とよび, その偏差の値の平均として求められる値

$$MD = \frac{1}{n} \sum_{i=1}^{n} |x_i - \overline{x}| \tag{2.4.4}$$

を **平均偏差** (mean deviation) とよぶ.

(4) 統計データを大きさの順に並べたデータ $x_{(i)}$ の $\frac{n}{4}$ 番目の値を $x_{(\frac{n}{4})}$, $\frac{3n}{4}$ 番目の値を $x_{(\frac{3n}{4})}$ と表すとき,

$$Q = \frac{x_{(\frac{3n}{4})} - x_{(\frac{n}{4})}}{2} \tag{2.4.5}$$

を **四分位偏差** (semi-interquartile range) とよぶ. $x_{(\frac{n}{4})}$ は **第 1 四分位数** とよばれ, 大きさの順に並んだデータ $x_{(i)}$ の下側半分の中央値, $x_{(\frac{3n}{4})}$ は **第 3 四分位数** とよばれ, 上側半分のデータの中央値である.

バラツキを説明するこれらの値のうち, 標本分散はよく用いられる. 分散については, 偏差の 2 乗の和を $n-1$ で割った **不偏分散** $\dfrac{1}{n-1} \sum_{i=1}^{n} (x_i - \overline{x})^2$ を推測統計で用いる. これは, 標本そのものの分散よりも, その標本の属している母集団の性質を知りたいときに用いられることによる. 詳しくは第 3 章で述べられる推定量の概念に関係している.

また, 標準偏差を平均値で割った値 $\dfrac{s}{\overline{x}}$ を **変動係数** (coefficient of variation) とよぶ. 変動係数は, 異なる単位で調べられた別々の統計データに対してもバラ

ツキを比較する際に有効である.

◎**例 2.3.** (例 2.2 の続き)　例 2.2 の統計データについて，標本分散，標本標準偏差，範囲，平均偏差，四分位偏差，変動係数を求めよ.

【**解**】　標本分散については，平均値が $\overline{x} = 5$ であったから，

$$s^2 = \frac{(4-5)^2 + (3-5)^2 + \cdots + (4-5)^2}{20}$$

$$= \frac{1+4+1+4+0+4+9+1+16+4+9+1+0+1+16+9+1+4+0+1}{20}$$

$$= 4.3$$

である. 標本標準偏差は $s = \sqrt{s^2} = \sqrt{4.3} = 2.0736$ である. 範囲は $x_{(20)} - x_{(1)} = 9 - 1 = 8$ である. また，四分位偏差の計算については，データを大きさの順に並べたときの下半分のデータ $x_{(1)}, x_{(2)}, \ldots, x_{(10)}$ の中央値から第 1 四分位数は $\frac{x_{(5)} + x_{(6)}}{2} = \frac{3+4}{2} = 3.5$ である. 第 3 四分位数は，$x_{(11)}, x_{(12)}, \ldots, x_{(20)}$ の中央値から $\frac{x_{(15)} + x_{(16)}}{2} = \frac{6+7}{2} = 6.5$ である. したがって，四分位偏差は $\frac{6.5 - 3.5}{2} = 1.5$ である. 変動係数は $\frac{s}{\overline{x}} = 0.4147$ である.　　　　□

2 つの変量 x, y の n 個の組の統計データ $(x_1, y_1), (x_2, y_2), \ldots, (x_n, y_n)$ について考える. x, y のそれぞれの平均値 $\overline{x}, \overline{y}$, 標本分散 s_x^2, s_y^2, 標本標準偏差 s_x, s_y はそれぞれ次のようになる.

$$\overline{x} = \frac{1}{n} \sum_{i=1}^{n} x_i, \qquad\qquad \overline{y} = \frac{1}{n} \sum_{i=1}^{n} y_i,$$

$$s_x^2 = \frac{1}{n} \sum_{i=1}^{n} (x_i - \overline{x})^2, \quad s_y^2 = \frac{1}{n} \sum_{i=1}^{n} (y_i - \overline{y})^2, \qquad (2.4.6)$$

$$s_x = \sqrt{s_x^2}, \qquad\qquad s_y = \sqrt{s_y^2}.$$

また，x と y の相互の関係を表すものとして，

$$s_{xy} = \frac{1}{n} \sum_{i=1}^{n} (x_i - \overline{x})(y_i - \overline{y}) \qquad (2.4.7)$$

を x と y の **共分散** (covariance) とよび，

$$\rho = \frac{s_{xy}}{s_x s_y} \qquad (2.4.8)$$

を x と y の **相関係数** (coefficient of correlation) とよぶ. (相関係数については 4.1 節も参照.)

章末問題

1. 次のデータは, 平均値 7, モード 8 である. 中央値を求めよ.

$$7, \quad 4, \quad y, \quad x, \quad 5, \quad 6, \quad x, \quad x, \quad 7$$

2. 次のデータの平均値, 中央値, モード, 標本分散, 標本標準偏差を求めよ.

1,	1,	2,	3,	5,	8,	1,	3,	2,	1
3,	4,	5,	5,	8,	9,	1,	4,	4,	2

3. ある商品の 1 日ごとの売り上げ量を 30 日間調べたところ, 次のようであった.

2,	3,	7,	0,	3,	2,	3,	4,	8,	5
6,	4,	4,	1,	4,	1,	1,	2,	2,	3
2,	0,	5,	2,	1,	3,	6,	1,	1,	4

(1) 平均値, 中央値, モード, 標本分散, 標本標準偏差, 範囲, 平均偏差, 四分位偏差を求めよ.

(2) データのとりうる値ごとの階級値をもつ度数分布表をつくれ.

(3) ヒストグラムと累積度数分布図をつくれ.

4. 次のデータは, 自宅から会社までの通勤時間を 20 日分調べたものである.

42,	59,	57,	60,	58,	46,	45,	49,	56,	55
50,	47,	51,	54,	50,	52,	54,	53,	52,	56

(1) 次の階級での度数分布表とヒストグラムをつくれ. 階級 (7 つ):

39.5–42.5, 42.5–45.5, 45.5–48.5, 48.5–51.5, 51.5–54.5, 54.5–57.5, 57.5–60.5

(2) 度数分布表から, 平均値, 分散, 標準偏差, 変動係数を求めよ.

5. $\bar{x} = \dfrac{1}{n} \sum_{i=1}^{n} x_i$ のとき, $\sum_{i=1}^{n} (x_i - \bar{x}) = 0$ を示せ.

6. 次のそれぞれの場合について 500 回の実験を行い, 度数分布表とヒストグラムを作成して平均値, 分散, 標準偏差を求めてみよ.

(1) 5 枚の硬貨を同時に投げたときの表の出る枚数

(2) 2 つのサイコロを同時に投げたときの出た目の和

3

応用編 (統計学 2)：統計的検定と推定

　本章では，データの抽出される**母集団**が，特定の確率分布 (おもに**ガウス** (Gauss) **分布 (正規分布)**) に従っているとの**仮定**をおいて，その母集団を特徴づける**パラメータ**を，検定あるいは推定する統計的手法を簡潔に紹介する.

　はじめに，利用可能な限られたデータ (標本値) からそのデータを生み出す**母集団**の分布を特徴づけるパラメータに関するある仮説を数学的 (数理統計学的) に検定する基本手法 (統計的検定) を解説する. 続けて，そのパラメータを数学的 (数理統計学的) に推定する基本手法 (統計的推定) の一部を解説する.[1]

3.1　正規母集団とデータの扱いについての数学的基礎 ───

　統計的検定・推定の理論においては，データが抽出される母集団が**ガウス分布 (正規分布)** に従っている，あるいは，ガウス分布で近似される (正確には，漸近的にガウス分布となる) 確率分布に従っているとすることが，**最も基本の仮定 (大前提)** である. この状況を，母集団は (漸近的) **正規母集団**であるという[2].

　以下に，統計的検定・推定の数学的理論の基礎となる 3 つの定理を示す. 1 つ目の定理は "中心極限定理" であり，第 1 章 (1.13.4) ですでに示したものであり，この定理により，分散 σ^2 が有限値である任意の確率分布をもつ母集団から得られるデータ (すなわち，独立同分布に従う確率変数の列) を**近似的**に，ガウス分布

---

[1]　本章は，統計的検定・推定の技術的側面の説明に重点をおいた内容である. 数学的事項の証明は本書では与えないが，それらのいくつかは，例えば，文献 [16] に示されている.

[2]　統計的検定・推定など，母集団の分布を特徴づけるパラメトリック統計を考察する統計的手法の紹介において，母集団の分布について注意を払っていない文献が散見されるが，読者はこの点に注意されるべきである.

に従うデータに変換できるのである (3.2 節の図, 3.5 節の解説を参照のこと). [3)]

定理 3.1.1. $X_1, X_2, \ldots$ は独立同分布に従う確率変数の列であり,

$$\mathbb{E}[X_k] = \mu, \quad \mathrm{Var}[X_k] \equiv \mathbb{E}[(X_k - \mu)^2] = \sigma^2 < \infty$$

と仮定する. $S_n \equiv X_1 + \cdots + X_n$ とおき, 標本平均を $\overline{X} \equiv \dfrac{S_n}{n}$ と表すと, 確率変数

$$Z_n \equiv \frac{\overline{X} - \mu}{\sigma/\sqrt{n}}$$

の確率分布は, n が十分に大きいとき標準正規分布 $N(0,1)$ で近似できる. すなわち, 十分大きな n に対し, 次の近似式が成り立つ (図 3.3 を参照のこと)：任意の $x\,(< \infty)$ に対し

$$P\left(\frac{\overline{X} - \mu}{\sigma/\sqrt{n}} \leq x\right) \doteqdot \int_{-\infty}^{x} \frac{1}{\sqrt{2\pi}} e^{-\frac{y^2}{2}}\, dy.$$

特に, $X_1, X_2, \ldots$ が平均 μ, 分散 σ^2 をもつ正規分布 $N(\mu, \sigma^2)$ に従う独立な確率変数の列であれば, Z_n は $N(0,1)$ に従う確率変数である.

　以下の 2 つの定理は [4)], 証明を理解すれば明解であるが, 確率変数の列 $X_1, \ldots,$ X_n が正規分布からの標本であるとの仮定を**除くと, これらの定理は "成り立たない"** ことに注意しよう.

定理 3.1.2. $X_1, \ldots, X_n$ を正規分布 $N(\mu, \sigma^2)$ からの n 個の無作為標本とする.

$$\overline{X} = \frac{X_1 + \cdots + X_n}{n}, \quad S^2 = \frac{(X_1 - \overline{X})^2 + \cdots + (X_n - \overline{X})^2}{n} \quad (3.1.1)$$

とおくと, $\dfrac{nS^2}{\sigma^2}$ は自由度 $n-1$ の χ^2 分布に従う (式 (1.9.8) 参照).

---

　3)　以下の定理 3.1.1 は 1.13 節で示した中心極限定理であり, 文献 [16] の定理 5.5.1 の再掲である. [16] では, 条件 $\mathbb{E}[|X_k|^3] < \infty\,(k \geqq 1)$ を仮定して, その証明が簡潔に示されている.
　4)　例えば, 文献 [16] の付録にある.

> **定理 3.1.3.** $X_1, \ldots, X_n$ を正規分布 $N(\mu, \sigma^2)$ からの n 個の無作為標本とし,
>
> $$\overline{X} = \frac{X_1 + \cdots + X_n}{n}, \quad U^2 = \frac{(X_1 - \overline{X})^2 + \cdots + (X_n - \overline{X})^2}{n-1} \quad (3.1.2)$$
>
> とおく. したがって, $U^2 = \dfrac{nS^2}{n-1}$ とすると (U^2 を**不偏分散**という), 確率変数
>
> $$T = \frac{\overline{X} - \mu}{U/\sqrt{n}} = \frac{\overline{X} - \mu}{S/\sqrt{n-1}} \quad (3.1.3)$$
>
> は, 自由度 $n-1$ の t 分布に従う (式 (1.9.7) 参照).

3.2 統計的検定の"こころ"

次節以降の一般論に先立ち, 統計的検定の **"こころ"** を述べておこう.

コイン投げを 16 回続けて行うことにしよう. 各コイン投げの試行で, 「表」が出たら 1 を加えていく.

X_n を n 回目のコイン投げで, 「表」が出たら 1 とし,

「裏」が出たら 0 と定める.

このとき, $S \equiv X_1 + X_2 + \cdots + X_{16}$ は, 16 回のコイン投げで「表」が出た総数となる. 君の友人がこの実験を行い, 結果として 12 回「表」が出た, すなわち $S = 12$ となったといい, そのうえで彼は「実験に使ったコインは, 「裏」と「表」を $\dfrac{1}{2}$ ずつの確率で出す」と"主張"したとする. 君はこの"主張"を正しいと考えますか?

もし, 友人の"主張"が正しく, コインの裏表が等確率 $\dfrac{1}{2}$ で出るとすると, 確率変数 S はパラメータ $(16, \frac{1}{2})$ の二項分布 (図 1.17 と 1.12 節参照) に従うので,

$$P(S = k) = {}_{16}\mathrm{C}_k \left(\frac{1}{2}\right)^k \left(\frac{1}{2}\right)^{16-k}, \quad k = 0, 1, \ldots, 16 \quad (3.2.1)$$

が成り立つことになる. ここで, 友人の実験結果である $k = 12$ を考慮して, 16 回の試行中 12 回以上の「表」が出る, すなわち, $S \geqq 12$ の確率を上式から計算すると,

$$P(S \geqq 12) = \sum_{k=12}^{16} {}_{16}C_k \left(\frac{1}{2}\right)^k \left(\frac{1}{2}\right)^{16-k} \fallingdotseq 0.0384 \qquad (3.2.2)$$

が得られる. この結果から, 友人の "主張" が正しいとすると, この実験結果は 3.8％ の確率でしか発生しない滅多に起こらない結果であったこととなる.

　滅多に起こらない実験結果を与える "主張"(**仮説**) は, **不合理**である. この考察から, 君は, 友人の "主張" が正しくない (信用できない) と判断してもよいのではないだろうか?

　上に述べた**論法**が, 統計的検定 (仮説の検定) の **"こころ"** である.

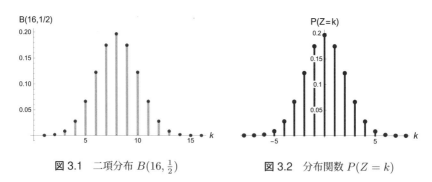

図 3.1　二項分布 $B(16, \frac{1}{2})$　　　　　　図 3.2　分布関数 $P(Z = k)$

　式 (3.2.2) により正確に確率 $P(S \geqq 12)$ を計算したが, 定理 3.1.1 を適用すると, この値は容易に近似できる. 図 3.1 は, 式 (3.2.1) で与えられる二項分布のグラフであり, 図 3.2 は定理 3.1.1 に基づいて, $n = 16$, $\mu = \frac{1}{2}$, $\sigma^2 = \frac{1}{4}$ として,

$$Z \equiv \frac{\overline{X} - \mu}{\frac{\sigma}{\sqrt{n}}} = \frac{\frac{S}{16} - \frac{1}{2}}{\frac{1}{8}} \qquad (3.2.3)$$

と定めた確率変数 Z の分布関数のグラフである. この (3.2.3) により,

$$P(Z \geqq 1.96) = P\left(\frac{\frac{S}{16} - \frac{1}{2}}{\frac{1}{2}} \geqq 1.96\right) = P(S \geqq 8 + 2 \times 1.96)$$

$$= P(S \geqq 11.92) \fallingdotseq P(S \geqq 12.0) \fallingdotseq 0.0384$$

である. すなわち, 約 3.8％. 一方, これと平均 0, 分散 1 の正規分布 $N(0,1)$ (**標準正規分布** といった) に従う確率変数 Y に対する結果 $P(Y \geqq 1.96) = 0.025$, すなわち, 2.5％ (巻末の正規分布表を参照のこと) を比較すると, Z は, Y で良く近似されていることがわかる. この例からも, **"近似の定理"** である定理 3.1.1

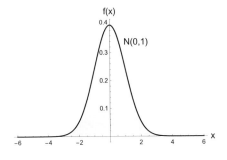

図 3.3 標準正規分布 $N(0,1)$ の密度関数

が納得できるであろう. 図 3.3 は，標準正規分布のグラフである (二項分布の正規分布での近似については，1.13 節で詳しく述べている).

3.3 統計的仮説検定の基本事項

母平均や母分散など，母集団分布に含まれる未知のパラメータに関してある仮説をたてた場合，母集団からの無作為標本の値 (データ) のみを利用して，その仮説が正しいというべきか，正しいとはいいきれないかを決めることを，**仮説の検定**という.

一般に使われる用語，**帰無仮説**と**対立仮説**を例により説明する. ある製薬会社で製造されたある病気に対する古いタイプの薬剤の効き目と，新しいタイプの薬剤の効き目を比較したい. 長らく使われている古いタイプの薬剤が何％の患者に対して効果をもつかは，正確に知られている. 一方，新しいタイプの薬剤の患者への効果は，臨床試験のデータとして知られているとする. ここで，「新しいタイプの薬剤の有効性は，古いタイプの薬剤の有効性と同等である」との仮説をたててみる. すなわち，(hypothesis の頭文字を用い) 仮説を H で表して，

$$H_0 : 新しいタイプの薬剤の有効性 = 古いタイプの薬剤の有効性.$$

とする. 上の仮説を **帰無仮説** (null hypothesis) という[5]. より有効であることが望まれる，本心ではより有効であってほしいと期待している新しいタイプの薬剤が，旧製品と同じ有効性しかもっていないとの仮説である. 一方，仮説

---

5) 帰無仮説は null hypothesis の訳である，オリジナルの言葉 null hypothesis における **null** とは，「ゼロ」あるいは「**無**」を意味する. 新旧に違いが "**ない**" とするのが，帰**無**仮説である.

H_1：新しいタイプの薬剤の有効性 $\neq$ 古いタイプの薬剤の有効性.

を **対立仮説** (alternative hypothesis) という.

3.3.1 分散と平均が知られている旧製法と新製法の平均の差異の検定

新旧製法による製品がともに正規分布に従うという前提をおく. **旧製法による製品の平均と分散が知られている**とし，新製法による製品の限られたデータから新製法の平均が旧製法と変わりがないかどうかを検定する手法を説明する.

$X_1, \ldots, X_n$ が正規分布 $N(\mu_0, \sigma^2)$ からの n 個の無作為標本であるとの仮説をたてたのであるから，

$$\overline{X} = \frac{X_1 + \cdots + X_n}{n}$$

とおくと，定理 3.1.1 により，

$$Z = \frac{\overline{X} - \mu_0}{\sigma/\sqrt{n}} \tag{3.3.1}$$

は，平均 0，分散 1 の標準正規分布 $N(0,1)$ に従う確率変数となる.

ここで，**検定** のために，**有意水準** (または**危険率**) とよばれる量を設定する. これは問題に応じて各自が設定できる量で，多くの場合，**5 %**，**1 %** が有意水準として用いられる. 以下では，**有意水準を 5 %** として説明を行う. (5 % に対応する確率は小数で表して 0.05 であることに注意する. これを $\alpha = 0.05$ と表すことにする.)

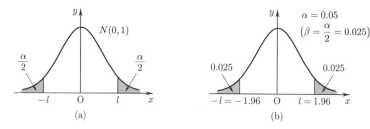

図 3.4　両側検定に関する正規分布

― 仮説検定の意味するところ (旧製法の母平均・母分散が知られている場合) ―

新製法による製品の分布は旧製法の分布と同じであるとの**仮説**が正しいとすると，$\overline{x}$ は，式 (3.3.1) を満たす確率変数 $\overline{X}$ の実現値であるはずであ

る．ところが，もし，実データからつくった値 $\bar{x}$ が

$$\frac{|\bar{x} - \mu_0|}{\sigma/\sqrt{n}} > 1.96$$

満たしてしまったならば，今回の検査では，0.05 (5％) 未満の確率で出現するデータが得られていたことになる (図 3.4 (b) 参照)．すなわち，滅多に現れないデータが得られていたことになってしまう．そのような特異なデータが出現していたと考えることは，合理的とはいい難い．よって，得られていた新製法の製品のデータの母集団の分布が，旧製法の母集団の分布 $N(\mu_0, \sigma^2)$ に等しいとする**仮説は不合理**といえる．

　すなわち，「新製法による製品の分布は旧製法の分布と同じであるとの**仮説**」は，正しいというべきではなく**棄てられるべき**ものである．これを統計学の言葉で，仮説は **棄却** (reject＝拒絶する) される，という．

上を "手続き" としてまとめる．

─────── 新旧製法の**平均**の差異の**両側検定 1** ───────

"旧製法による製品の平均と分散が知られている場合の

新旧製法の平均の差異の両側検定"

　旧製法による製品の母集団の分布が正規分布 $N(\mu_0, \sigma^2)$ であり，母平均 μ_0，母分散 σ^2 の値はともに知られているとする．また，新製法による製品の母集団の分布は正規分布であり，**平均は未知**であるが，分散は σ^2 であると仮定する．

　新製法による製品 n 個の数値データ (標本) $x_1, \ldots, x_n$ より求めた標本平均

$$\bar{x} = \frac{x_1 + \cdots + x_n}{n}$$

を用いて**帰無仮説**

$$H_0 : \text{新製法による製品の母平均} = \mu_0$$

を検定する．新製法による製品の母平均を μ とおく．

　(i) **有意水準 (危険率) 5％** に対しては，

$$\frac{|\bar{x} - \mu_0|}{\sigma/\sqrt{n}} > 1.96 \tag{3.3.2}$$

ならば，H_0 は棄却され (仮説 $\mu = \mu_0$ が正しいとはいえない)，さもなく
ば，棄却されない (仮説 $\mu = \mu_0$ が誤りとはいいきれない).

(ii) **有意水準 (危険率) 1%** に対しては，

$$\frac{|\overline{x} - \mu_0|}{\sigma/\sqrt{n}} > 2.58 \tag{3.3.3}$$

ならば，H_0 は棄却され，さもなくば，棄却されない.

ここで，値 1.96, 2.58 は，標準正規分布に従う確率変数 Z に対し，

$$P(|Z| \leqq 1.96) = 0.95, \quad P(|Z| \leqq 2.58) = 0.99$$

を満たす数である (これらの値は，それぞれ $\alpha = 0.05\,(\frac{\alpha}{2} = 0.025)$，$\alpha = 0.01\,(\frac{\alpha}{2} = 0.005)$ として巻末の標準正規分布表から求められる).

◎**例 3.1.** ある会社で旧製法により製造されたある製品の寿命分布は正規分布に
従っており，その平均寿命 μ_0，分散 σ^2 の値が知られており，それぞれ $\mu_0 = 10.142$,
$\sigma^2 = 0.09$ である. 今回，新製法による製品の製造を計画している. 新製法によ
る試作品を無作為に 4 個抽出し，寿命テストを行った. その結果は以下のとお
りである：

$$10.0, \quad 11.0, \quad 10.5, \quad 9.5 \quad [時間].$$

この結果から，新製法による製品の寿命分布の平均が旧製法による平均と変わ
りがないかどうかの検定を行え. ただし，新製法による製品の寿命分布は，分散
$\sigma^2 = 0.09$ の正規分布であると仮定する.

【**解**】 新製法による製品の寿命分布の平均を μ とおき，次の**帰無仮説**を検定
する：

$$H_0 : \mu = 10.142 \ (= \mu_0)$$

データの個数は $n = 4$ であり，$\sqrt{n} = \sqrt{4} = 2$ である. このデータに基づく標
本平均は，

$$\overline{x} = \frac{10.0 + 11.0 + 10.5 + 9.5}{4} = 10.25,$$

また，公表されている結果により，

$$\sigma = \sqrt{\sigma^2} = \sqrt{0.09} = 0.3\,.$$

よって，

$$\frac{|\overline{x} - \mu_0|}{\sigma/\sqrt{n}} = \frac{10.25 - 10.142}{\frac{0.09}{2}} = \frac{0.216}{0.09} = 2.4$$

より $2.4 > 1.96$ であるから，式 (3.3.2) が満たされ，したがって，有意水準 5% で，H_0 は棄却される (仮説 $\mu = \mu_0$ が正しいとはいえない).

一方，$2.4 < 2.58$ であるから，式 (3.3.3) は満たされず，したがって，有意水準 1% で，H_0 は棄却されない (仮説 $\mu = \mu_0$ が誤りとはいいきれない). □

上で説明したものは 両側検定 とよばれる．その理由は，新旧製法の優劣にはふれず，単に相違だけの検定であることによる.

続けて，関連する 片側検定 について簡単に説明する．この考え方は，以下の節でもそのまま適用できる．本節以降では，片側検定は両側検定を変更して設定できるとして，具体的な記述はしないこととする.

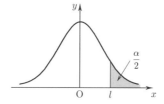

図 3.5 有意水準 $\frac{\alpha}{2}$ (巻末の表において $\beta = \frac{\alpha}{2}$) とした片側検定の正規分布

片側検定の "手続き" は，次のとおりである.

━━━ 新旧製法の平均の差異の片側検定 ━━━

"旧製法による製品の平均と分散が知られている場合の

新旧製法の平均の差異の片側検定"

旧製法による製品の母集団の分布が正規分布 $N(\mu_0, \sigma^2)$ であり，母平均 μ_0，母分散 σ^2 の値はともに知られているとする．また，新製法による製品の母集団の分布は正規分布であり，**平均は未知**であるが，分散は σ^2 であると仮定し，**新製法による製品の母平均は，旧製法による製品の母平均を下まわらないことが保証されている**と仮定する.

新製法による製品 n 個の数値データ (標本) $x_1, \ldots, x_n$ より求めた標本平均

$$\overline{x} = \frac{x_1 + \cdots + x_n}{n}$$

を用いて**仮説**

$$H_0 : \text{新製法による製品の母平均} > \mu_0$$

(新製法による製品の母平均は, 旧製法による製品の母平均 μ_0 よりも真に大きいとする仮説) を検定する. 新製法による製品の母平均を μ とおく.

(i) **有意水準 5 %** (片側の確率であるから, 有意水準 10 % の両側検定で用いる閾値 1.64 により $\frac{10}{2} = 5$ (%) が対応する. すなわち $\frac{\alpha}{2} = 0.05$) に対しては,

$$\frac{\overline{x} - \mu_0}{\sigma/\sqrt{n}} > 1.64 \tag{3.3.4}$$

ならば, H は棄却されない (仮説 $\mu > \mu_0$ が誤りとはいえず, 暗黙に $\mu > \mu_0$ が正しいことを支持する). さもなくば, 棄却される (仮説 $\mu > \mu_0$ が正しいとはいいきれない). この場合は片側だけであるが, 両側検定より棄却域が広くなる.

(ii) **有意水準 0.5 %** ($= \frac{1}{2}$ %, すなわち $\frac{\alpha}{2} = 0.05$) に対しては,

$$\frac{\overline{x} - \mu_0}{\sigma/\sqrt{n}} > 2.58 \tag{3.3.5}$$

ならば, H は棄却されない. さもなくば, 棄却される.

ここで, 値 1.64, 2.58 は, 標準正規分布に従う確率変数 Z に対し,

$$P(|Z| \leqq 1.64) = 0.9, \quad P(|Z| \leqq 2.58) = 0.99$$

を満たす数である (これらの値は巻末の標準正規分布表から求められる).

なお, 「**新製法による製品の母平均** $< \mu_0$」として逆向きの不等式により仮説を設定した場合の検定では, 式 (3.3.4), (3.3.5) における不等号を逆にした式を検証することにより結論が得られる. 明らかであるので詳細は省略する.

◎**例 3.2.** 例 3.1 と同じ設定とする. ただし, **新製法では旧製法よりも性能の悪い製品は製造されないことが保証されている**と仮定する. 新製法による製品の寿命分布の平均が旧製法による平均に比べ, 真に大きいかどうかの検定を行え.

【**解**】 新製法による製品の寿命分布の平均を μ とおき, 次の**仮説**を検定する:

$$H_0 : \mu > 10.142 \ (= \mu_0).$$

ここで

$$\frac{\overline{x} - \mu_0}{\sigma/\sqrt{n}} = \frac{10.25 - 10.142}{\frac{0.09}{2}} = \frac{0.216}{0.09} = 2.4$$

より $2.4 > 1.96$ であるから，式 (3.3.4) が満たされ，したがって，**有意水準5 %** $(\frac{\alpha}{2} = 0.05)$ で H は棄却されない (仮説 $\mu > 10.142$ が誤りとはいえず，暗黙に $\mu > 10.142$ が正しいことを支持する).

一方，$2.4 < 2.58$ であるから，式 (3.3.5) は満たされず，したがって，**有意水準0.5 %** で H_0 は棄却される (仮説 $\mu > 10.142$ が正しいとはいいきれない). $\quad\square$

3.3.2 分散が未知で平均が知られている旧製法と新製法の平均の差異の検定

新旧製法による製品の母集団の分布がともに正規分布に従うという前提をおく．旧製法による製品の**母平均 μ_0 は知られている**が，**母分散 σ^2 は知られていない**とする．新製法による製品の限られたデータから新製法の平均が旧製法と変わりがないかどうかの検定は次のように行う．

$X_1, \ldots, X_n$ を母集団からの n 個の無作為標本とする．

$$\overline{X} = \frac{X_1 + \cdots + X_n}{n}, \quad S^2 = \frac{(X_1 - \overline{X})^2 + \cdots + (X_n - \overline{X})^2}{n} \quad (3.3.6)$$

とおき，T を

$$T = \frac{\overline{X} - \mu}{S/\sqrt{n-1}} \quad (3.3.7)$$

と定めると，定理 3.1.3 の式 (3.1.3) に対して説明したとおり，T は自由度 $n-1$ の t 分布とよばれる確率分布に従う確率変数となる．(巻末の t 分布表を参照.)

さて，$\alpha > 0$ を設定した**有意水準** (危険率) とする．この α に対して，

$$P(T < -t) + P(T > t) = \frac{\alpha}{2} + \frac{\alpha}{2} = \alpha,$$

すなわち，

$$P(|T| > t) = \alpha \quad (3.3.8)$$

を満たす $t \geqq 0$ を t 分布表から読み取って，それを $\boldsymbol{t_{n-1}(\alpha/2)}$ と書くことにする (T は自由度 $n-1$ の t 分布に従っていることを思い出そう). すなわち，

$$P(|T| > t_{n-1}(\alpha/2)) = \alpha, \quad (3.3.9)$$

具体的には，$|T| > t_{n-1}(\alpha/2)$ は，

$$\frac{|\overline{X} - \mu|}{S/\sqrt{n-1}} > t_{n-1}(\alpha/2) \quad (3.3.10)$$

である．

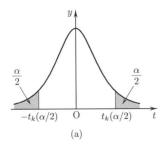
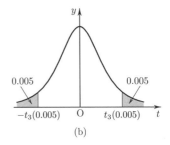

図 3.6 検定に関する t 分布 (巻末の t 分布表において $\beta = \frac{\alpha}{2}$ とする)

以上の確率変数についての一般論を，統計データに適用しよう．母集団からの無作為標本として，数値のデータ $x_1, \ldots, x_n$ が得られ，これを用いて数値

$$\overline{x} = \frac{x_1 + \cdots + x_n}{n}, \quad s^2 = \frac{(x_1 - \overline{x})^2 + \cdots + (x_n - \overline{x})^2}{n} \tag{3.3.11}$$

が得られたとしよう．標本，すなわち実際のデータ $x_1, \ldots, x_n$ から計算した $\overline{x}$ を **標本平均** とよぶのに対応して，s^2 は **標本分散** とよばれるのであった．これらの数値を用いて，次の数値が計算できる：

$$\frac{|\overline{x} - \mu|}{s/\sqrt{n-1}}. \tag{3.3.12}$$

式 (3.3.9), (3.3.10), (3.3.12) を比較することにより，次の検定手続きが得られる：

——— 新旧製法の平均の差異の**両側検定 2** ———

"旧製法による製品の平均のみが知られている場合の

新旧製法の平均の差異の両側検定"

　旧製法による製品の母集団の分布が正規分布 $N(\mu_0, \sigma^2)$ であり，その**母平均 μ_0 の値は知られている**が，**母分散 σ^2 の値は未知**とする．また，新製法による製品の母集団の分布は平均 μ の正規分布であると仮定する．

　新製法による製品 n 個の数値データ (標本) $x_1, \ldots, x_n$ より，標本平均 $\overline{x}$ と標本分散 s^2 を式 (3.3.11) により計算し，**帰無仮説**

$$H_0 : \mu = \mu_0$$

を検定する．

　有意水準 $\alpha > 0$ (例えば，$\alpha = 0.05$ (すなわち $\frac{\alpha}{2} = 0.025$) として百分率

では 5 %) に対して,

$$\frac{|\overline{x} - \mu_0|}{s/\sqrt{n-1}} > t_{n-1}(\alpha/2) \qquad (3.3.13)$$

ならば, H_0 は棄却され (仮説 $\mu = \mu_0$ が正しいとはいえない), さもなくば, 棄却されない (仮説 $\mu = \mu_0$ が誤りとはいいきれない).

ここで $t_{n-1}(\alpha/2)$ は, 自由度 $n-1$ の t 分布に従う確率変数 T に対し, $P(|T| > t_{n-1}(\alpha/2)) = \alpha$ を満たす定数であり, 巻末の t 分布表から求められる.

◎**例 3.3.** 例 3.1 と同じ数値データを設定する. ある会社で旧製法により製造されたある製品の寿命分布は正規分布に従っており, その平均寿命 $\mu_0 = 12.0$ [時間] は知られているが, 分散 σ^2 の値は知られていないとする. 今回, 新製法による製品の製造を計画している. 新製法による試作品を無作為に 4 個抽出し, 寿命テストを行った. その結果は以下のとおりである:

$$10.0, \quad 11.0, \quad 10.5, \quad 9.5 \quad [時間].$$

この結果から, 新製法による製品の寿命分布の平均が旧製法による平均と変わりがないかどうかの検定を行え. ただし, 新製法による製品の寿命分布は正規分布であると仮定する.

【**解**】 新製法による製品の寿命分布の平均を μ とおき, 次の**帰無仮説**を検定する:

$$H_0 : \mu = 12.0 \, (= \mu_0)$$

例 3.1 において, 同じデータに対し既に標本平均 $\overline{x} = 10.25$ が求められている. また, 標本分散は

$$s^2 = \frac{(10.0 - 10.25)^2 + (11.0 - 10.25)^2 + (10.5 - 10.25)^2 + (9.5 - 10.25)^2}{4}$$

$$= \frac{1.25}{4} = 0.3125$$

であり, よって,

$$\overline{x} = 10.25, \quad s^2 = 0.3125, \quad したがって, \quad s = \sqrt{0.3125} = 0.559 \,.$$

いま, 標本数 $n = 4$ であり, 式 (3.3.13) の左辺を数値で求めると,

$$\frac{|\,\overline{x} - \mu_0\,|}{s/\sqrt{n-1}} = \frac{|\,10.25 - 12.0\,|}{0.559/\sqrt{3}} = 5.422$$

となる.

自由度は $n - 1 = 4 - 1 = 3$ であり，有意水準 $\alpha = 0.05$ および $\alpha = 0.01$ として，t 分布表から $t_{n-1}(0.025)$ と $t_{n-1}(0.005)$ とを読み取ると，

$$t_3(0.025) = 3.1825, \qquad t_3(0.005) = 5.8409$$

が得られる．よって $5.422 > 3.1825$ であるから，式 (3.3.13) により，有意水準 $\alpha = 0.05$ として仮説 H_0 は棄却される．一方，$5.422 < 5.8409$ であるから，式 (3.3.13) により，有意水準 $\alpha = 0.01$ として仮説 H_0 は棄却されない．　　　□

3.3.3　新旧両製法とも母平均・母分散が未知の場合の旧新製法の平均の差異の検定

新旧製法による製品の母集団の分布がともに正規分布に従うという前提をおく．新旧両製法ともに十分に多くの製造を行っているが，これらについて，母平均・母分散は知られていないとする．旧製法による製品の母平均を μ_1，母分散を σ_1^2 とする．したがって，旧製法による製品の母集団の分布は $N(\mu_1, \sigma_1^2)$ であると仮定する．また，新製法による製品の母平均を μ_2，母分散を σ_2^2 とする．したがって，新製法による製品の母集団の分布は $N(\mu_2, \sigma_2^2)$ であると仮定する．**$\mu_1, \sigma_1, \mu_2, \sigma_2$ の値は，どれも知られていないとする**.

新旧両製法による製品のデータから 2 つの製法による平均が同じであるかどうかの検定は次のように行う．

$X_{1,1}, \ldots, X_{1,n}$ を旧製法による製品の母集団からの n 個の無作為標本とし，

$$\overline{X}_1 = \frac{1}{n}\left(X_{1,1} + \cdots + X_{1,n}\right),$$

$$S_1^2 = \frac{1}{n}\left\{(X_{1,1} - \overline{X}_1)^2 + \cdots + (X_{1,n} - \overline{X}_1)^2\right\} \qquad (3.3.14)$$

とおく．また，$X_{2,1}, \ldots, X_{2,m}$ を新製法による製品の母集団からの m 個の無作為標本とし，

$$\overline{X}_2 = \frac{1}{m}\left(X_{2,1} + \cdots + X_{2,n}\right),$$

$$S_2^2 = \frac{1}{m}\left\{(X_{2,1} - \overline{X}_2)^2 + \cdots + (X_{2,m} - \overline{X}_2)^2\right\} \qquad (3.3.15)$$

とおく．これらの確率変数 (抽出された標本として計測が完了し，値 (実現値) が定まってしまうまえの段階の確率的量) を用いて，

$$U = \sqrt{\frac{n \cdot S_1^2 + m \cdot S_2^2}{n + m - 2}}, \quad \text{および} \quad T = \frac{\overline{X}_1 - \overline{X}_2 - (\mu_1 - \mu_2)}{U \times \sqrt{\frac{1}{n} + \frac{1}{m}}} \tag{3.3.16}$$

と定めると，確率変数 T の確率分布は，自由度 $n + m - 2$ の t 分布であることが証明できる (χ^2 分布のもつ **再帰性** (**再生性** ともいう)，すなわち，性質 "χ^2 分布に従う 2 つの独立な確率変数の和もふたたびある χ^2 分布に従う" を用いて証明が行われる[6])．

本節の確率変数 T (式 (3.3.13) で定めた) に対して，式 (3.3.8)–(3.3.12) と類似の考察を行うことにより，前節と同様に次の検定手続きが得られる：

—— 新旧製法の**平均**の差異の**両側検定 3** ——

"新旧両製法とも母平均・母分散が未知の場合の
新旧製法の平均の差異の両側検定"

新旧製法による製品の母集団の分布がともに正規分布に従うことを前提とする．旧製法による製品の母平均を μ_1，母分散を σ_1^2 とし，旧製法による製品の母集団の分布は $N(\mu_1, \sigma_1^2)$ であると仮定する．また，新製法による製品の母平均を μ_2，母分散を σ_2^2 とし，新製法による製品の母集団の分布は $N(\mu_2, \sigma_2^2)$ であると仮定する．$\mu_1, \sigma_1, \mu_2, \sigma_2$ **の値は，どれも知られていないとする．**

旧製法による製品の母集団からの n 個の無作為標本の**数値のデータ** $x_{1,1}, \ldots, x_{1,n}$ と，新製法による製品の母集団からの m 個の無作為標本の**数値のデータ** $x_{2,1}, \ldots, x_{2,m}$ を用いて，**数値** $\overline{x}_1, s_1^2, \overline{x}_2, s_2^2, u$ は，式 (3.3.14)，(3.3.15) における確率変数の列 $X_{1,j}$ $(j = 1, \ldots, n)$, $X_{2,j}$ $(j = 1, \ldots, m)$ を，$x_{1,j}$ $(j = 1, \ldots, n)$, $x_{2,j}$ $(j = 1, \ldots, m)$ に置き換えることにより定める (式 (3.3.11) 参照)．**帰無仮説**

$$H_0 : \mu_1 = \mu_2$$

を検定する．

---

6) 再帰性については，1.10 節の式 (1.10.4), (1.10.5) を参照のこと．証明は，定理 3.1.2 と同様に，フーリエ変換やモーメント母関数を用いて明解に与えられる．例えば，[16] の付録の補助定理 A.1.3，より詳細には [14] の第 5 章 例題 6 をあわせて確認されたい．

式 (3.3.16) で定めた (T の実現値) t に対してこの仮説が正しいとすると，$\mu_1 = \mu_2$ であるから，したがって，$\mu_1 - \mu_2 = 0$ であり，$t = \dfrac{\overline{x}_1 - \overline{x}_2}{u \times \sqrt{\frac{1}{n} + \frac{1}{m}}}$ となる．よって，**有意水準 $\alpha > 0$** (例えば，$\alpha = 0.05$ (すなわち $\frac{\alpha}{2} = 0.025$) として百分率では 5 %) に対して，

$$\frac{|\overline{x}_1 - \overline{x}_2|}{u \times \sqrt{\frac{1}{n} + \frac{1}{m}}} > t_{n+m-2}(\alpha/2) \tag{3.3.17}$$

ならば，H_0 は棄却され (仮説 $\mu_1 = \mu_2$ が正しいとはいえない)，さもなくば，棄却されない (仮説 $\mu_1 = \mu_2$ が誤りとはいいきれない).

ここで $t_{n+m-2}(\alpha/2)$ は，自由度 $n + m - 2$ の t 分布に従う確率変数 T に対し，$P(|T| > t_{n+m-2}(\alpha/2)) = \alpha$ を満たす定数であり，巻末の t 分布表から求められる.

◎**例 3.4.** ある会社では，ある製品を A, B 2 種類の製法で製造している．両製法による製品の母集団の寿命分布は，ともに正規分布に従うという前提をおく.

A 製法による製品の母集団の分布は $N(\mu_1, \sigma_1^2)$ であり，B 製法による製品の母集団の分布は $N(\mu_2, \sigma_2^2)$ であると仮定する．$\mu_1, \sigma_1, \mu_2, \sigma_2$ **の値は，どれも知られていないとする.**

製法 A による製品を無作為に 4 個抽出し，寿命テストを行い，次のデータを得た：

$$10.0, \quad 11.0, \quad 10.5, \quad 9.5 \quad [時間].$$

また，製法 B による製品を無作為に 4 個抽出し，寿命テストを行い，次のデータを得た：

$$9.0, \quad 8.0, \quad 10.0, \quad 9.0 \quad [時間].$$

このとき，製法 A による製品と製法 B による製品の寿命に差がないかどうかの検定を行え.

【解】 次の**帰無仮説**を検定する：

$$H_0 : \mu_1 = \mu_2$$

例 3.3 において，製法 A による製品に関するデータと同じものに対し，既に標本平均 $\bar{x}_1$，標本分散 s_1^2 の値は求めている：

$$\overline{x}_1 = 10.25, \qquad s_1^2 = 0.3125.$$

また，上の製法 B による製品に関するデータから，製法 B に関する標本平均 $\overline{x}_2$，標本分散 s_2^2 の値を求めると，次のようになる：

$$\overline{x}_2 = 9.0, \qquad s_2^2 = 0.5.$$

いま，標本数については $n = m = 4$ であるから，式 (3.3.16) により，

$$u = \sqrt{\frac{n \cdot s_1^2 + m \cdot s_2^2}{n + m - 2}} = \sqrt{\frac{4 \times 0.3125 + 4 \times 0.5}{4 + 4 - 2}} = 0.736$$

が得られ，式 (3.3.17) により，

$$\frac{|\overline{x}_1 - \overline{x}_2|}{u \times \sqrt{\frac{1}{n} + \frac{1}{m}}} = \frac{|10.25 - 9.0|}{0.736 \times \sqrt{\frac{1}{4} + \frac{1}{4}}} \fallingdotseq 2.402$$

が得られる．有意水準 α に対し，$t_{n+m-2}(\alpha/2) = t_6(\alpha/2)$ は t 分布表より読み取れ，$\alpha = 0.05$ とすると，

$$t_6(0.025) = 2.447$$

である．よって $2.402 < 2.447$ であるから，式 (3.3.17) により，有意水準 $\alpha = 0.05$ として，仮説 H_0 は棄却されない． □

3.4 比率の検定 (サイコロの正・不正，選挙での当落の検定)

　はじめに，サイコロ投げを例にとろう．正しく作られた (公平な) サイコロは，どの目も同様に確からしく $\frac{1}{6}$ の確率で出るとされている．ところが現実には，六面が完全に均一であり，正確にすべての目が同確率で現れるサイコロは，むしろ稀かもしれない．このような場合，統計的手法により正しいサイコロであるかどうかの検定が行えると好都合である．一般的な用語では「**比率の検定**」であり，本節では特に二項分布の検定を説明する[7]．

---

7) この節の内容は，3.2 節の統計的検定の "こころ" を，前節までの仮説検定の用語を用いて "いい換え" たものである．

　独立な試行 (サイコロ投げや，コイン投げなど) を n 回繰り返すことを考える．各試行において，ある事象 B (例えば，サイコロ投げで 6 の目が出る) が起こる確率が p であるとする．すなわち，

$$P (\text{事象 } B \text{ が起こる}) = p$$

とする．このとき，1.11 節の式 (1.11.4) として学んだとおり，$k = 0, 1, \ldots, n$ に対し，

$$P (n \text{ 回の試行のうち事象 } B \text{ が } k \text{ 回起こる}) = \frac{n!}{(n-k)!\,k!} p^k (1-p)^{n-k}$$

(3.4.1)

が成り立つ．式 (3.4.1) を，**パラメータ n, p の二項分布** $B(n, p)$ といったのであった．

　ここで，確率変数 X を，"n 回の試行のうち事象 B が起こる回数" と定めると，式 (3.4.1) は，

$$P (X = k) = \frac{n!}{(n-k)!\,k!} p^k (1-p)^{n-k}$$

と書け，

$$X \text{ の平均} = np, \qquad X \text{ の分散} = np(1-p)$$

となる．これに，3.1 節で説明した **中心極限定理** (1.14 節および定理 3.1.1) を適用すると，試行回数 n が十分に多いとき，次の Z は，近似的に平均 0，分散 1 の正規分布 (標準正規分布 $N(0, 1)$) に従うことがわかる (定理 3.1.1 において，$\mu = np$，$\sigma = p(1-p)$ とおく)：

$$Z = \frac{X - np}{\sqrt{np(1-p)}}.$$

(3.4.2)

　よって，もし，**本当に確率変数 X がパラメータ n, p の二項分布に従っている**のであれば，確率変数 Z は近似的に標準正規分布 $N(0, 1)$ に従うのであるから，有意水準を 5 ％として，(3.3.2) と同様に

$$P (|Z| > 1.96) < 0.05$$

(3.4.3)

が成り立っていると考えられる．

　以上により，3.3 節の両側検定 (3.3.2) と類似の考察により，次の手続きを得る：

━━ 比率の検定 (二項分布の場合) ━━

　独立な試行を n 回繰り返す. n 回の試行のうち事象 B が起こる回数を確率変数 X で表す. 実際に n 回の試行を行ったところ, 事象 B が x 回起こった. これをデータとして利用する.

　各試行において, 事象 B が想定されている確率 p_0 で起こるといえるかどうか, について**仮説検定**を行う. **帰無仮説**

$$H_0 : \frac{X}{n} \text{ の平均} = p_0$$

を検定する.

　仮説が正しいならば, $Z = \dfrac{X - np_0}{\sqrt{np_0(1-p_0)}}$ が近似的に標準正規分布 $N(0,1)$

に従う確率変数の実現値であることにより, 与えられた有意水準 $\alpha > 0$ (以下では, $\alpha = 0.05$ とする (百分率では 5 %)[8]) に対し,

$$\frac{|x - np_0|}{\sqrt{np_0(1-p_0)}} > 1.96 \tag{3.4.4}$$

ならば, H_0 は棄却され (仮説 H_0 が正しいとはいえない), さもなくば, 棄却されない (仮説 H_0 が誤りとはいいきれない).

◎**例 3.5.** あるサイコロを続けて 10,000 回投げて, 6 の目が出た回数を数えた. その結果は 1583 回であった. このサイコロは, 6 の目を $\dfrac{1}{6}$ の確率で出すサイコロといえるか？ これを検定せよ.

【**解**】 $p_0 = \dfrac{1}{6}$ とおいて, 次の帰無仮説を検定する :

$$H_0 : \text{このサイコロの 6 の目が出る確率} = \frac{1}{6}$$

このデータに従って, 式 (3.4.4) の左辺を計算すると, $x = 1583$, $n = 10000$ であるから,

$$\frac{|x - np_0|}{\sqrt{np_0(1-p_0)}} = \frac{|1583 - 10000 \times \frac{1}{6}|}{\sqrt{10000 \times \frac{1}{6} \times \frac{5}{6}}} \fallingdotseq 2.245$$

が得られる.

---

8)　3.3.1 項の "平均の差異の両側検定 1" (p.87) を参照のこと.

よって $2.245 > 1.96$ であるから，式 (3.4.4) により，有意水準 $\alpha = 0.05$ として仮説 H_0 は棄却される (仮説 H_0 が正しいとはいいきれない)．一方，$2.245 < 2.58$ であるから，式 (3.4.4) により，有意水準 $\alpha = 0.01$ として仮説 H_0 は棄却されない (仮説 H_0 が誤りとはいいきれない) [9]．   □

◎**例 3.6.** ある選挙において，A, B 2 人の候補が立候補した．開票が 100 票まで進み，A 候補の得票は 60，B 候補の得票は 40 であることが速報された．ここまでのデータを用いて，A 候補が当選するかどうかを統計的に考察したい．

【**解**】 サイコロの正・不正の検定を片側検定として，この問題に応用してみよう [10]．この例では，帰無仮説 H_0 を

$$H_0 : \text{候補者 A の得票率は 50 \% 以下である．}$$

とする．すなわち，p_0 で A の得票率を表すことにすると

$$H_0 : p_0 \leq \frac{1}{2} \ (50\,\%), \quad n = 100, \quad x = 60.$$

一方，対立仮説 H_1 は，

$$H_1 : \text{候補者 A の得票率は真に 50 \% よりも大きい．}$$

となる．すなわち，

$$H_1 : p_0 > \frac{1}{2} \ (50\,\%).$$

さて，式 (3.4.4) の左辺で絶対値をつけない値を求めてみる．

$$\frac{x - np_0}{\sqrt{np_0(1 - p_0)}} = \frac{60 - 100 \times \frac{1}{2}}{\sqrt{100 \times \frac{1}{2} \times \frac{1}{2}}} = 2.0$$

となり，$2.0 > 1.96$ であるから (式 (3.3.4) 参照 (p.90))，有意水準 2.5 % で帰無仮説 H_0「A の得票率 ≤ 50 %」は棄却される．いい換えると，対立仮説 H_1「A の得票率 > 50 %」は棄却されない．すなわち，A 候補が最終的に 50 % 以下を得票することはない．2.5 % 程度の誤りの危険性を残して，A 候補は 50 % よりも真に多い得票をすると思われる．   □

---

9) 数値 1.96 と 2.58 については，3.3 節の "分散が知られている場合の未知の平均についての両側検定"(p.87) を参照し復習すること．

10) 3.3 節の帰無仮説・対立仮説に関する説明，「平均の差異の片側検定」(p.89) を参照のこと．

注意 3.1：有意水準 (危険率) の決め方について テレビの選挙特番での当落予測を具体例として考えてみる. 信頼係数 95 %(すなわち, 有意水準は 5 %)では, 衆議院の選挙で 400 議席の当選確実を予想したら, 20 程度の選挙区で当選確実を出した候補者が最終的に落選する可能性がある. そこでこのような場合には, 信頼係数 99 %(すなわち, 有意水準 1 %)以上の精度が必要である. このように, 実際には, 使用される**場面に応じて**その信頼係数を決める必要がある.

式 (3.4.4), 例 3.6 と式 (3.3.2) との関係について

式 (3.3.2) においては, $x_1, \ldots, x_n$ は正規分布 $N(\mu_0, \sigma^2)$ から得られたデータであると仮定されている. 一方, 本節の式 (3.4.4), 例 3.6 では, データは二項分布から得られているとされており, これに中心極限定理を適用することで, $Z = \dfrac{X - np}{\sqrt{np(1-p)}}$ が "近似的" に標準正規分布 $N(0,1)$ に従うことを用いて, 仮説検定が行われている.

これらに注意すれば, 式 (3.3.2) と式 (3.4.4) では, 同じ記号 n を用いてデータ数を表しているが, 式 (3.4.4) は式 (3.3.2) において, $n = 1$ とした式であることがわかる. 例えば, 例 3.6 を変形して, 次の問題を設定する:

「ある選挙において, A, B 2 人の候補が立候補した. 開票が 400 票まで進んだとき, この 400 票をランダムに 100 票ずつの 4 つの組に分割し, それぞれの組における A, B 両候補の得票を数えた. 各分割した組における A 候補の得票を y_i $(i = 1, 2, 3, 4)$ で表すと:

第 1 組では, A 候補の得票は $y_1 = 60$, B 候補の得票は 40;

第 2 組では, A 候補の得票は $y_2 = 66$, B 候補の得票は 34;

第 3 組では, A 候補の得票は $y_3 = 59$, B 候補の得票は 44;

第 4 組では, A 候補の得票は $y_4 = 57$, B 候補の得票は 43;

であることが速報された. ここまでのデータを用いて, A 候補が当選するかどうかを統計的に考察したい.」

y_1, y_2, y_3, y_4 を用いて, 例 3.6 と同様に,

$$x_i \equiv \frac{y_i - 100 \times \frac{1}{2}}{\sqrt{100 \times \frac{1}{2} \times \frac{1}{2}}}, \quad i = 1, 2, 3, 4$$

と定めると, "帰無仮説"「H_0: A の得票率 = 50 %」(ここでは説明の便宜上, 等式としておく)が正しいとすると, x_1, x_2, x_3, x_4 は, 標準正規分布 $N(0,1)$ から得られたデータとなる. この 4 個のデータ x_1, x_2, x_3, x_4 に, $n = 4$ として式 (3.3.2) を適用することを考えると, 本節と前節との関係が明解に納得できるはずである.

3.5　基本的な統計的推定

　本節では，真の平均 (母平均) が未知である場合に，「真の平均がどのような値の範囲に入るといえるか」を，限られたデータから推定する方法を学ぶ．前節と同様に，母集団の分布は，母平均 μ，母分散 σ^2 の正規分布 $N(\mu, \sigma^2)$ であるとする．なお，本書では，母分散 σ^2 が**知られている**と仮定した場合の母平均 μ の区間推定法のみを解説する[11]．

　さて，母分散 σ^2 は**知られている**としよう．$X_1, \ldots, X_n$ を母集団からの n 個の無作為標本とする．3.3.1 項にならって，$\overline{X}, Z$ を次で定める：

$$\overline{X} = \frac{X_1 + \cdots + X_n}{n}, \qquad Z = \frac{\overline{X} - \mu}{\sigma/\sqrt{n}}. \tag{3.5.1}$$

定理 3.1.1 の後半により，Z は平均 0, 分散 1 の正規分布 (**標準正規分布** といった) $N(0,1)$ に従う．このとき，3.3.1 項と類似の考察により次が成り立つ：

$$P\left(\overline{X} - \frac{1.96\sigma}{\sqrt{n}} \leqq \mu \leqq \overline{X} + \frac{1.96\sigma}{\sqrt{n}}\right) \geqq 1 - 0.05 = 0.95. \tag{3.5.2}$$

区間推定の意味するところ (**母分散が知られている場合**)

$\overline{x}$ は式 (3.5.1) を満たす確率変数 $\overline{X}$ の実現値であるから，$\overline{x}$ が

$$\overline{x} - \frac{1.96\sigma}{\sqrt{n}} > \mu, \quad \text{または} \quad \overline{x} + \frac{1.96\sigma}{\sqrt{n}} < \mu$$

として出現した確率は，式 (3.5.2) により 0.05 (5 %) 未満である．すなわち，そうであるとすると，滅多に現れないデータが得られていたことになる．そのような特異なデータが出現していたと仮定することは，合理的とはいい難い．よって，得られていたデータは，$\overline{x} - \frac{1.96\sigma}{\sqrt{n}} \leqq \mu$ かつ $\overline{x} + \frac{1.96\sigma}{\sqrt{n}} \geqq \mu$ を満たすものとして得られていたと考えるほうがより合理的といえる．

　以上をまとめると，n 個の数値データから得られた量 $\overline{x}$ に対し，

$$\overline{x} - \frac{1.96\sigma}{\sqrt{n}} \leqq \mu \leqq \overline{x} + \frac{1.96\sigma}{\sqrt{n}} \tag{3.5.3}$$

が成り立っていると考えることは，式 (3.5.2) の意味で合理的といえる．この式 (3.5.3) を μ の**信頼度 95%の信頼区間**という．

---

11)　他の設定における区間推定については，文献 [14], [16] などを参照されたい．

上を "手続き" としてまとめるまえに, 例で具体的な確認をしよう.

◎**例 3.7.** ある会社で製造されたある製品の寿命分布は正規分布に従っており, その平均寿命 μ は公表されていないが, 分散 σ^2 の値は公表されており $\sigma^2 = 0.09$ であることがわかっている. 今回, この製品を無作為に 4 個購入し, 消費者による寿命テストが行われた, その結果は以下のとおりである :

$$10.0, \quad 11.0, \quad 10.5, \quad 9.5 \quad [時間].$$

この結果から, 母平均 μ の区間推定を行え.

【**解**】 上で述べた "有意水準" を 5 % に設定し, "信頼度 95 % ($100 \% - 5 \% = 95 \%$) の信頼区間", すなわち μ の推定存在区間を求めてみる[12].

データの個数は $n = 4$ であり, このデータに基づく標本平均は,

$$\overline{x} = \frac{10.0 + 11.0 + 10.5 + 9.5}{4} = 10.25,$$

また, 公表されている結果により,

$$\sigma = \sqrt{\sigma^2} = \sqrt{0.09} = 0.3$$

である. "信頼度 95%の信頼区間" を求める, すなわち, "有意水準" 5 % の区間推定を行うのであるから, 式 (3.5.3) をそのまま適用すればよい :

$$\overline{x} - \frac{1.96\sigma}{\sqrt{n}} = 10.25 - \frac{1.96 \times 0.3}{\sqrt{4}} = 10.25 - 0.294 = 9.956,$$

$$\overline{x} + \frac{1.96\sigma}{\sqrt{n}} = 10.25 + 0.294 = 10.544$$

により, 式 (3.5.3) を用いて, 母平均 μ の信頼度 95%の信頼区間は, 次で与えられる :

$$9.956 \leqq \mu \leqq 10.544.\qquad\qquad\square$$

注意 3.2 「区間推定の意味するところ」で述べたとおり, "有意水準 (または危険率)" 5 %, "信頼度 (信頼係数) 95 %" の区間推定とは, 現在得られている**データが, 5 % 以下の確率でしか出現しないような特殊な値ではないと想定**して, 未知の母平均 μ の存在するであろうと考えられる区間を定めることを意味する. この数学的状況を厳密に理解せずに, 例えば, 例 3.7 で述べた 1 回の消費者テスト (4 個の標本抽出という) により得られた信頼区間 $9.956 \leqq \mu \leqq 10.544$ に「未知の母平均 μ が 95 % の安全性で入ってい

---

12) 用語法としての, "有意水準 (危険率)" 5 %, "信頼度 95%の信頼区間" については, **必ず 注意 3.2 の記述を確認されたい**.

る」と "あいまいに" とらえてはいけない. そもそも未知の母平均は, 未知ではあっても確率的な量 (確率変数) ではない. 確率的であるのは, 標本抽出そのものであり,

$$\overline{X} = \frac{1}{n}(X_1 + \cdots + X_n)$$

のほうである. したがって, 正確には,「**例 3.7 と同様の標本抽出を 100 回繰り返せばそのたびに異なる信頼区間が得られるが, 有意水準 5 % であれば, その中で 5 回程度, 真の値が求めた信頼区間から外れる可能性がある.**」との主張が得られたと考える必要がある.「信頼区間」は, "confidence interval" の簡潔な訳であるが, むしろより冗長に, 例えば,「**もっともらしい区間**」などを意味すると考えるべきであろう.

上記を "手続き" としてまとめる：

母分散が知られている場合の未知の平均の区間推定

母集団が正規分布 $N(\mu, \sigma^2)$ に従っているとする. 母平均 μ が未知であり, **母分散 σ^2 の値は知られている**とする. n 個の数値データ (標本) $x_1, \ldots, x_n$ より求めた標本平均

$$\overline{x} = \frac{x_1 + \cdots + x_n}{n}$$

を用いて未知の母平均 μ の区間推定を行う.

$\dfrac{\overline{x} - \mu}{\sigma/\sqrt{n}}$ が, 標準正規分布 $N(0, 1)$ に従う確率変数の実現値であることにより, **信頼度 95 %** に対し,

$$\frac{|\overline{x} - \mu|}{\sigma/\sqrt{n}} \leqq 1.96$$

として, 母平均 μ の 95 % の信頼区間を次で定める：

$$\overline{x} - \frac{1.96\sigma}{\sqrt{n}} \leqq \mu \leqq \overline{x} + \frac{1.96\sigma}{\sqrt{n}}.$$

信頼度 99 % に対しては,

$$\frac{|\overline{x} - \mu|}{\sigma/\sqrt{n}} \leqq 2.58$$

として, 母平均 μ の 99 % の信頼区間を次で定める：

$$\overline{x} - \frac{2.58\sigma}{\sqrt{n}} \leqq \mu \leqq \overline{x} + \frac{2.58\sigma}{\sqrt{n}}.$$

ここで, 値 1.96, 2.58 は, 標準正規分布に従う確率変数 Z に対し,

$$P(|Z| \leqq 1.96) = 0.95, \quad P(|Z| \leqq 2.58) = 0.99$$

を満たす数である (これらの値は，巻末の標準正規分布表から求められる).

章末問題

1. ある製薬会社では，ある地域で生産される薬草を限定して購入し薬品の原料としている．この地域で生産される薬草に含まれる有効成分の含有量は正規分布に従い，その含有量平均 μ_0 と分散 σ^2 の値が知られており，それぞれ $\mu_0 = 20.0\,[\mathrm{mg/g}]$，$\sigma^2 = 0.7$ である．今回，これまでと異なった生産地から同一種の薬草の購入を計画している．新生産地の薬草を無作為に 6 回抽出し，有効成分の含有量のテストを行った．その結果は以下のとおりである：

$$20.0,\quad 22.0,\quad 23.5,\quad 19.5\quad 21.0,\quad 23.0\ [\mathrm{mg/g}].$$

この結果から，新産地の薬草の有効成分の含有量平均が旧産地の薬草の平均と変わりがないかどうかの検定を行え．ただし，有意水準 $\alpha = 0.01$ とし，新産地の薬草の有効成分の含有量分布は，分散 $\sigma^2 = 0.7$ の正規分布であると仮定する．

2. 上の問題 1. と同じ設定とする．ただし，ここでは，旧産地における薬草に含まれる有効成分の含有量の母分散は知られていないとする．同じデータに基づいて，新産地の薬草の有効成分の含有量平均が旧産地の薬草の平均と変わりがないかどうかの検定を行え．

3. ある製薬会社では，A, B 2 つの地域で生産される同一種類の薬草の購入し，これを薬品の原料とする計画をもっている．A 生産地の薬草を無作為に 6 回抽出し，有効成分の含有量のテストを行って次のデータを得た：

$$20.0,\quad 22.0,\quad 23.5,\quad 19.5\quad 21.0,\quad 23.0\ [\mathrm{mg/g}].$$

また，B 生産地の薬草を無作為に 6 回抽出し，有効成分の含有量のテストを行って次のデータを得た：

$$19.0,\quad 20.0,\quad 21.5,\quad 18.5\quad 20.0,\quad 21.0\ [\mathrm{mg/g}].$$

この結果から，両産地の薬草の有効成分の含有量平均に差がないかどうかの検定を行え．

4. 2012 年から 2020 年における神奈川県でのお米の収穫量を x_i で表す．ただし，i により年度を表すこととする．$x_i\ (i = 2012, \ldots, 2020)$ は，以下のとおりである：

$$15.8,\ 15.6,\ 15.7,\ 15.2,\ 15.4,\ 15.7,\ 15.2,\ 14.3,\ 14.2\ [\mathrm{Kt}].$$

一方，1972 年から 2011 年までの期間での神奈川県のお米の生産高の平均は $\mu_0 = 19.07$ [Kt] であった (この値がこの期間のお米の**生産力**を示しているとする)．2012 年から 2020 年における神奈川県でのお米の**生産力**が，1972 年から 2011 年までのそれと変わりがないか，有意水準 $\alpha = 0.05$ として 3.3.2 項 (式 (3.3.13) 参照) に従って検定せよ．

4

応用編 (統計学 3)：回帰分析

本章では，この先の章を理解するために欠かせない内容である回帰分析による未知の統計量の予測と 2 次元正規分布のグラフについて，例および図を用いて説明する.

4.1 1 つの統計量で他の統計量を予測する単回帰モデル

本節では，あるデータの 1 つの統計量 (例えばある人の体重) を用いて，同じデータのもう一つの統計量 (例えば同じ人の身長) を予測する統計的手法である **単回帰モデル** を説明する. 1 つの統計量により他のもう一つの統計量を予測 (説明) することから，この手法は **単回帰** とよばれる. 回帰モデルのアイデアは，線形近似の式の統計への応用である. すなわち，2 つの変量 (確率変数) X, Y に，

$$Y = aX + b + \varepsilon$$

(a, b は定数，ε は誤差項で平均 0 のある正規分布に従う (あるいは，そのようにみなせる) 確率変数) なる関係がある場合に，この式を **(単) 回帰モデル** とよぶ.

さて，2 つの変量 x, y の n 個の組 $(x_1, y_1), (x_2, y_2), \ldots, (x_n, y_n)$ について，xy 平面上に点 (x_i, y_i) $(i = 1, 2, \ldots, n)$ をプロットした図を **散布図** (scatter diagram) とよぶ. (以下 $\bar{x}, \bar{y}, s_x^2, s_y^2, s_{xy}$ などは (2.4.6), (2.4.7) で与えられているものとする.) 散布図上で，点 $(\overline{x}, \overline{y})$ を通り，傾き $\dfrac{s_{xy}}{s_x^2}$ の直線の方程式

$$y = \frac{s_{xy}}{s_x^2} (x - \overline{x}) + \overline{y} \tag{4.1.1}$$

を，**目的変数** y を **説明変数** x を用いて表した直線，すなわち **y の x への線形回帰直線** (linear regression line) とよぶ. このとき，$r = \dfrac{s_{xy}}{s_x^2}$ を **回帰係数** (coefficient of regression) とよぶ. 一方，逆に，x を y で説明する直線

$$x = \frac{s_{xy}}{s_y^2}(y - \overline{y}) + \overline{x} \tag{4.1.2}$$

を x の y への線形回帰直線 とよぶ.

　相関係数 $\rho = \dfrac{s_{xy}}{s_x s_y}$ と回帰係数 $r = \dfrac{s_{xy}}{s_x^2}$ の関係： 点 $(\overline{x}, \overline{y})$ を通り, $a\,(\neq 0)$,
b を定数とする直線 $y = ax + b$ で, 統計データの値 x_i によって定まる値 $ax_i + b$
とデータ y_i との距離 $d_i = |y_i - (ax_i + b)|$ を考えたとき, $b = \overline{y} - a\overline{x}$ であって,

$$
\begin{aligned}
(*) \quad \frac{1}{n}\sum_{i=1}^{n} d_i^2 &= \frac{1}{n}\sum_{i=1}^{n} \{y_i - (ax_i + b)\}^2 = \frac{1}{n}\sum_{i=1}^{n} \{(y_i - \overline{y}) - a(x_i - \overline{x})\}^2 \\
&= \frac{1}{n}\sum_{i=1}^{n} \{(y_i - \overline{y})^2 - 2a(x_i - \overline{x})(y_i - \overline{y}) + a^2(x_i - \overline{x})^2\} \\
&= s_y^2 - 2a s_{xy} + a^2 s_x^2 \\
&= \left(s_x a - \frac{s_{xy}}{s_x}\right)^2 - \left(\frac{s_{xy}}{s_x}\right)^2 + s_y^2 \\
&= \left(s_x a - \frac{s_{xy}}{s_x}\right)^2 + s_y^2\left(1 - \left(\frac{s_{xy}}{s_x s_y}\right)^2\right)
\end{aligned}
$$

より, $a = \dfrac{s_{xy}}{s_x^2}$ のとき $\dfrac{1}{n}\displaystyle\sum_{i=1}^{n} d_i^2$ は最小値 $s_y^2(1 - \rho^2)$ をとる. また, このとき,
$\dfrac{1}{n}\displaystyle\sum_{i=1}^{n} d_i^2 \geqq 0$ より $s_y^2(1 - \rho^2) \geqq 0$ であって, $-1 \leqq \rho \leqq 1$ であることがわかる[1].

　ところで, 実際には, この回帰直線は $a\,(\neq 0), b$ を定数とする直線 $y = ax + b$
で, y 座標に関する距離 $d_i = |y_i - (ax_i + b)|$ の 2 乗の和 $\displaystyle\sum_{i=1}^{n} d_i^2$ を最小にするた
めの必要条件を満たす a, b の値から求めることができる[2]. 別の見方をすれば,
もし回帰直線上に y_i が並んでいるときには, x_i の値から決まる数値 $ax_i + b$ と
の差は 0 であって, x のデータとしては観測していない値であっても, この回帰
直線の方程式をもとにして x の値から y の値を予想できると考えてよい.
　回帰係数と相関係数には

$$
\frac{s_{xy}}{s_x^2} = \rho \frac{s_y}{s_x} \tag{4.1.3}
$$

という関係がある. $\rho = \pm 1$ のときは, $d_i = 0\,(i = 1, 2, \ldots, n)$ となることがわ
かるから, (x_i, y_i) は回帰直線上に並んでいることがわかる. さらに,

---

1) 　より一般には, コーシー–シュワルツの方程式による.
2) 　このように 2 乗の和の最小化を評価基準とする方法を 最小 2 乗法 という.

$$\rho = \pm 1 \Leftrightarrow \frac{s_{xy}}{s_x s_y} = \pm 1 \Leftrightarrow s_{xy} = \pm s_x s_y \Leftrightarrow \frac{s_{xy}}{s_x^2} = \pm \frac{s_y}{s_x} = \frac{s_y^2}{s_{xy}} \quad (\text{複号同順})$$

となって, $\rho = \pm 1$ のときの 2 種類の回帰直線は一致することもわかる.

y の x への線形回帰直線 $y = \dfrac{s_{xy}}{s_x^2}(x - \overline{x}) + \overline{y}$ について, 直線の傾きを表す回帰係数 $\dfrac{s_{xy}}{s_x^2}$ の値が正 (> 0) であれば $\rho > 0$ であって, x と y には **正の相関** (positive correlation) があるという. 統計データの点 (x_i, y_i) は, ρ の値が 1 に近いほど回帰直線の周辺に右上がりに分布していると考えられる. また, 回帰係数の値が負 (< 0) であれば $\rho < 0$ であって, x と y には **負の相関** (negative correlation) があるという. このとき, ρ の値が -1 に近いほど, 統計データの点 (x_i, y_i) は直線の周辺に右下がりに分布していると考えられる.

注意 4.1 正の相関や負の相関という表現は, 上で求めた回帰直線の傾きと関係していることから, 統計データの組からつくられる散布図, あるいは変量 x, y について変数変換された点の組からつくられる散布図から判断できる直線的傾向に関して述べているにすぎない. 例えば, $\rho = 0$ に近い値を得た場合の散布図において, 直線的傾向は得られないが, ほかの曲線的傾向を得る場合もあるので注意が必要である.

◎**例 4.1.** ある講義科目での授業ごとの小テストの平均点 (変量 x) と期末試験の得点 (変量 y) について, 100 名のデータが表 4.1 のようであるとする.

このデータについて, 平均値, 標本分散, 標本標準偏差, 共分散, 相関係数をそ

表 4.1 小テストの平均点 (x) と期末試験の得点 (y) (100 人)

x	y	x	y	x	y	x	y	x	y
66.7	76	72.7	82	73.4	80	79	92	71.7	83
71.2	81	77.4	83	73.2	82	73.3	79	68.6	73
73.6	80	68.8	76	72.6	77	77.7	80	73.7	86
77.2	88	67.1	74	78.1	85	83.5	95	74.7	88
78.6	95	72.2	79	74.5	80	67.7	76	68.9	82
72.5	79	66.4	79	75.7	92	74.5	83	72.3	76
74	80	75	86	69.3	85	76.5	91	73.7	86
68.2	80	71.6	85	76.2	86	69.6	82	75.5	86
76	86	71.7	82	76.9	82	76.7	86	73.2	76
72.1	82	70.1	76	62.2	69	73.1	82	72.2	73
71.3	80	74.6	79	64.4	76	71.9	80	65.3	74
81.9	95	79.4	88	70.7	77	71.4	82	73	79
72.9	88	74.3	89	65.9	80	73	83	70.8	83
68.1	77	67.6	83	71.7	77	70.6	84	71.6	80
71.6	74	66.6	77	68	77	78.7	82	74.1	82
75.7	84	68.4	79	76.9	83	73.8	84	76	83
71.8	85	75.9	92	64.5	72	75.7	86	70.5	79
69.1	70	76.4	83	72.5	85	63.5	70	65	76
68.6	82	67.6	80	77.4	88	76.4	85	67.1	73
73.3	88	76	91	76.5	85	65	78	63.1	65

れぞれ求めると，$\overline{x} = 72.274$, $\overline{y} = 81.57$, $s_x^2 = 17.9985$, $s_y^2 = 32.8851$, $s_x = 4.2425$, $s_y = 5.7346$, $s_{xy} = 18.6858$, $\rho = \dfrac{s_{xy}}{s_x s_y} = 0.7681$ であった．したがっ
て，目的変数 y を x で説明する y の x への回帰直線 (4.1.1) は，回帰直線の傾き
が $\dfrac{s_{xy}}{s_x^2} = 1.0382$ から

$$y = 1.0382(x - 72.274) + 81.57 \tag{4.1.4}$$

であることがわかる．一方，x を y で説明する x の y への回帰直線は，(4.1.2)
により，y の傾きが $\dfrac{s_{xy}}{s_y^2} = 0.5682$ であって，$x = 0.5682(y - 81.57) + 72.274$
となるから，この回帰直線を書き直せば $y = \dfrac{s_y^2}{s_{xy}}(x - \overline{x}) + \overline{y}$ より，

$$y = 1.7599(x - 72.274) + 81.57 \tag{4.1.5}$$

を得る．散布図に，それぞれの変量の平均値を表す直線 $x = \overline{x}$, $y = \overline{y}$ と 2 つの
回帰直線を図示すると次のようになる (図 4.1)．　　　　　　　　　　　　□

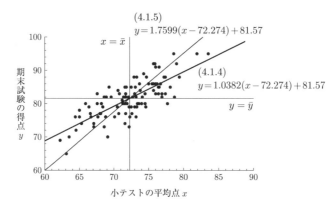

図 4.1　例 4.1 の散布図と回帰直線

4.2　単回帰モデルと 2 次元正規分布のグラフ

　本節では，前節および今後の内容を理解するために欠かせない 2 次元 (多次元)
正規分布のグラフについて説明する[3]．

　　3)　ここでは，多変数，偏微分，重積分，行列，行列式，ベクトルなどの数学的な用語を用いる
が，それらについて詳しく理解していない (馴染みのない) 読者にも抵抗なく内容が理解できるよう
な説明を目指す．

　　まず，4.1節の図4.1を観察してみよう．これは，100人の学生に対する小テストの点数 x_i と期末テストの点数 y_i とを，1人の学生 (データ) につき一組の2次元平面 (xy 平面) 上の点 (ベクトル) (x_i, y_i) $(i = 1, \ldots, 100)$ (ここで添え字 i は，i 番目の学生のデータであることを示している) としてプロットした散布図である．ここでの点の散らばり方に注目すると，直観的にこれらの点は，ある楕円の内側にあり，かつ，楕円の中心点 (正確には，長軸の中点) に近い部分に高い密度で多くの点が現れていることが見てとれる．

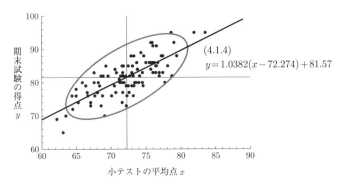

図 4.2　2次元散布図を楕円で囲む

　　次に，この散布図のもととなるデータの表4.1をみると，例4.1において，標本平均 $\overline{x}, \overline{y}$，標本分散 s_x^2, s_y^2，標本共分散 s_{xy}，相関係数 ρ の値が次のように求められている：

$$\overline{x} = 72.274, \qquad \overline{y} = 81.57,$$

$$s_x^2 = 17.9985, \ s_y^2 = 32.8851, \ s_{xy} = 18.6858, \ \rho = \frac{s_{xy}}{s_x s_y} = 0.7681. \quad (4.2.1)$$

　　さて，(2変数の) **分散・共分散行列** Σ とは，次で定義される2行2列の対称行列である：

──────── **2次元分散・共分散行列** ────────

　　行列
$$\Sigma = \begin{pmatrix} s_x^2 & s_{xy} \\ s_{xy} & s_y^2 \end{pmatrix} \qquad (4.2.2)$$
に対し，Σ の行列式 $|\Sigma|$ の値は，

$$|\Sigma| = s_x^2 \cdot s_y^2 - (s_{xy})^2$$

で与えられるが，分散，共分散の定義式 (2.4.6), (2.4.7) (p.78) とコーシー・シュワルツの不等式により，$s_x^2 \cdot s_y^2 - (s_{xy})^2 \geqq 0$ であることが示される[4].
さらに，この不等式を用いると，(平方完成の初等的な計算から) 任意の実数 x, y に対し，次が成り立つ：

$$x^2 \cdot s_x^2 + 2x \cdot y \cdot s_{xy} + y^2 \cdot s_y^2 \geqq 0. \tag{4.2.3}$$

この式 (4.2.3) により，対称行列 Σ は**非負定値** (nonnegative-definite) であるといわれる.

ここでは，以後，$s_x^2 \cdot s_y^2 - (s_{xy})^2 > 0$ が成り立っていると仮定 (行列 Σ は**正則**という) して話しを進める．この仮定の下で，式 (4.2.3) の左辺は真に正となり，この場合，行列 Σ は **(実) 正定値** [5](positive-definite) **対称行列**であるといわれる．この正則の条件の下で，行列 Σ には逆行列 Σ^{-1} が存在し，次で与えられることを思い出そう：

$$\Sigma^{-1} = \frac{1}{s_x^2 \cdot s_y^2 - (s_{xy})^2} \begin{pmatrix} s_y^2 & -s_{xy} \\ -s_{xy} & s_x^2 \end{pmatrix}. \tag{4.2.4}$$

もちろん，$\Sigma \cdot \Sigma^{-1} = \begin{pmatrix} 1 & 0 \\ 0 & 1 \end{pmatrix}$ である．式 (4.2.2) に式 (4.2.1) の小テスト，期末試験のデータによる分散・共分散の値を代入すると (小数点以下を四捨五入した)，

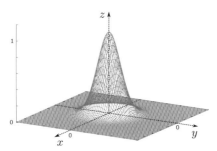

図 4.3　2 次元正規分布の確率密度関数の例

---

4)　詳しくは [16] p.64，または，簡潔には 4.1 節における $-1 \leqq \rho \leqq 1$ についての説明参照.
5)　「正値」対称行列と記述している線形代数の教科書もある.

$$\Sigma = \begin{pmatrix} 18 & 19 \\ 19 & 33 \end{pmatrix} \tag{4.2.5}$$

となる.

ところで, 2 次元正規分布のグラフは, 分散・共分散行列と平均がわかっていれば描くことができる (図 4.3) が, この例 4.1 においては, 見やすいグラフとするために, 本来の平均 ((4.2.1) 参照) を平行移動し, 便宜的に $\bar{x} = 7.2/2$ と $\bar{y} = 8.2/2$ を, それぞれ小テストと期末試験の母平均とし, 式 (4.2.5) の Σ を真の分散・共分散行列として 2 次元正規分布のグラフを描いてみた. その結果は, 以下の図 4.4 のとおりである.

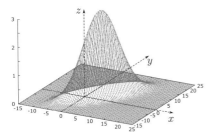

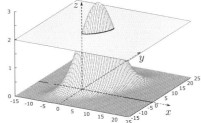

図 4.4 (4.2.5) による 2 次元正規分布 (式 (4.2.6))

図 4.5 $z =$ 一定 の平面

続いて, この 2 次元正規分布のグラフ図 4.4 に, z 軸の値が一定の平面 (xy 平面に平行な平面) を重ねて描くと図 4.5 となる. 次に, この 2 次元正規分布のグラフの z 軸の値が一定, すなわち, 同じ程度の確率で現れるデータを示す等高線 (グラフの高さが一定になる切り口, グラフの切片) のグラフを描くと図 4.6 の楕円となる.

図 4.2 と図 4.6 とを比較すると, とてもよく似通っている. 直観的には, 2 つの統計量による実際のデータに基づく散布図は, 同じデータから求められた分散・共分散行列によって定まる 2 次元正規分布を用いて説明できる (多くの場合, 近似できる) と考えてもよいと思われる. 特に, 4.1 節の回帰直線 (単回帰分析) は, 図 4.6 の楕円の長軸に近い直線である. ただし, 単回帰分析では, 予想値と実データの x 成分を共通として, それぞれの y 成分の距離の 2 乗の和をデータ数で割ったもの (p.108 の式 (*)) を誤差の評価に用いており (すなわち, x を与えたうえでの条件付きの距離), 上記の楕円の長軸と回帰直線は一致しない. 正確

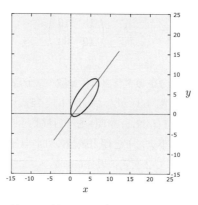

図 4.6　グラフの高さ z が一定になる切り口と長軸

には，2 次元正規分布において，x の値を与えたとする条件の下での，変数 y の条件付き確率密度関数の平均が (単) 回帰直線の式に一致する．この事情は，次節で詳しく述べる．一方で，上記の楕円の長軸，短軸は，次章で学ぶ主成分 (固有ベクトル) を示している．

　以下に，図 4.4 および図 4.5 に対応する式と，一般の 2 次元 (多次元) 正規分布についての基本的な式を記す[6]．$-15 \leqq x \leqq 25,\ -15 \leqq y \leqq 25$ の範囲で関数

$$z = 3e^{-\{33(x-7.2/2)^2+18(y-8.2/2)^2-36(x-7.2/2)(y-8.2/2)\}/460} \tag{4.2.6}$$

を描いた図が図 4.4 である．ここで，z はグラフの高さの成分を表す変数である．式 (4.2.6) の右辺の最初の数 3 は，グラフを見やすくするために設定したが，この場合の 2 次元正規分布としての正しい値は，$\dfrac{1}{2\pi\sqrt{18 \times 33 - 19^2}}$ である．式 (4.2.6) において，高さ z を 2 とした切り口の図 (切片) が図 4.5 である．すなわち，その式は次のとおりである：

$$2 = 3e^{-\{33(x-7.2/2)^2+18(y-8.2/2)^2-36(x-7.2/2)(y-8.2/2)\}/460}. \tag{4.2.7}$$

　一般に，2 つの確率変数 $X,\ Y$ の確率分布を定める関数を **同時確率分布** といった (第 1 章の式 (1.8.2) を思い出そう)．特に，これが確率密度関数 $f(x,y)$ により与えられるとき，これを **同時確率密度関数** といった．2 つの確率変数 X，Y が正規分布に従う場合は，その同時確率密度関数 $f(x,y)$ は次で与えられる[7]：$-\infty < x,\ y < \infty$ に対し，

---

6)　多変数の微積分，行列について馴染みのない読者は，その詳細にこだわらずに眺めてもらいたい．

7)　文献 [16] の 4.3 節参照のこと．

$$f(x, y) = \frac{1}{2\pi\sqrt{(\sigma_x\sigma_y)^2 - (\sigma_{xy})^2}}$$

$$\times \exp\left\{\frac{-1}{2((\sigma_x\sigma_y)^2 - (\sigma_{xy})^2)}\left((\sigma_y(x - \mu_x))^2 - 2\sigma_{xy}(x - \mu_x)(y - \mu_y)\right.\right.$$

$$\left.\left. + (\sigma_x(y - \mu_y))^2\right)\right\}. \tag{4.2.8}$$

ここで，平均 μ_x, μ_y, 分散 σ_x^2, σ_y^2, 共分散 σ_{xy} は次の式で与えられる (1.7, 1.8 節参照)：

$$\mu_x = \mathbb{E}[X], \quad \mu_y = \mathbb{E}[Y], \quad \sigma_x^2 = \mathbb{E}[(X - \mu_x)^2], \quad \sigma_y^2 = \mathbb{E}[(Y - \mu_y)^2],$$

$$\sigma_{xy} = \mathbb{E}[(X - \mu_x)(Y - \mu_y)]. \tag{4.2.9}$$

先に述べたとおり，2 次元正規分布は μ_x, μ_y, σ_x^2, σ_y^2, σ_{xy} を与えることにより完全に決定される[8]．

━━━ 2 次元正規分布の行列を用いた表記 ━━━

式 (4.2.2) と式 (4.2.4) を用いて式 (4.2.8) を表すと，次のように簡潔になる：

$$f(x, y) = \frac{1}{2\pi|\Sigma|^{\frac{1}{2}}} \exp\left\{-\frac{1}{2}(x - \mu_x, y - \mu_y)\cdot\Sigma^{-1}\cdot{}^t(x - \mu_x, y - \mu_y)\right\}. \tag{4.2.10}$$

ここでは，実際にデータから得られる統計的量である標本分散・標本共分散 s_x, s_y, s_{xy} をそれぞれ対応する確率論的記号である母分散・母共分散 $\sigma_x, \sigma_y, \sigma_{xy}$ に置き直し，$|\Sigma|$ は行列 Σ の行列式，${}^t(x - \mu_x, y - \mu_y)$ は横ベクトル $(x - \mu_x, y - \mu_y)$ の転置，すなわち縦ベクトルである[9]．

━━━ 3 次元 (多次元) 正規分布 ━━━

参考として，X, Y, Z を 3 次元正規分布に従う確率変数，対応する平均を μ_x, μ_y, μ_z とし，分散・共分散行列 (式 (4.2.2) 参照) Σ (正則と仮定しておく) を

---

8) 式 (4.2.6) は，一般式 (4.2.8) に $\mu_x = 7.2/2$, $\mu_y = 8.2/2$, $\sigma_x^2 = 18$, $\sigma_y^2 = 33$, $\sigma_{xy} = 19$ を与え，z 成分を調整して得られた式である．

9) 線形代数の教科書を参照せよ．

$$\Sigma = \begin{pmatrix} \sigma_x^2 & \sigma_{xy} & \sigma_{xz} \\ \sigma_{xy} & \sigma_y^2 & \sigma_{yz} \\ \sigma_{zx} & \sigma_{zy} & \sigma_z^2 \end{pmatrix} \qquad (4.2.11)$$

と定めると, X, Y, Z の同時確率密度関数 $f(x, y, z)$ は次で与えられる：
$-\infty < x, y, z < \infty$ に対し,

$$f(x, y, z) = \frac{1}{(2\pi)^{\frac{3}{2}} |\Sigma|^{\frac{1}{2}}}$$

$$\times \exp\left\{ -\frac{1}{2}(x - \mu_x, y - \mu_y, z - \mu_z) \cdot \Sigma^{-1} \cdot {}^t(x - \mu_x, y - \mu_y, z - \mu_z) \right\}.$$

$$(4.2.12)$$

なお, 一般の n 次元 (n は自然数) 正規分布の同時確率密度関数は, 式
(4.2.12) において, 左辺の第 1 項の分母の $(2\pi)^{\frac{3}{2}}$ を $(2\pi)^{\frac{n}{2}}$ として, 行列 Σ
とベクトルを対応する n 次元のそれに置き換えることにより与えられる.

4.3　単回帰モデルでの 2 種類の統計量の相関の有無の検定 ──

前節における 2 次元 (多次元) 正規分布についての理解に基づき, 単回帰直線
(4.1.1) を改めて考えてみよう. 目標は, (4.1.1) における回帰直線の傾き $\dfrac{s_{xy}}{s_x^2}$ の
2 次元正規分布に基づく意味づけである. ここで考える 2 次元正規分布の分散・
共分散行列 Σ を (4.2.2) とする. ただし, ここでは簡単化のために, $\overline{x}, \overline{y} = 0$
(平均 = 0) とする. なお, 以下では, 実際にデータから得られる統計的量であ
る標本分散・標本共分散 s_x, s_y, s_{xy} をそれぞれ対応する確率論的記号である母
分散・母共分散 $\sigma_x, \sigma_y, \sigma_{xy}$ に置き直した式を用いる.

さて, 付録の条件付き確率密度関数の定義式 (A.1.6) によると, 2 変数確率密
度関数において, 変数 x の値を与えたとする条件の下での変数 y の条件付き確
率密度関数 $f(y|x)$ は, 次で定義される (ただし, 式 (A.1.6) での x と y を入れ
換えている)：

$$f(y|x) = \frac{f(x, y)}{\int_{-\infty}^{\infty} f(x, y)\, dy}. \qquad (4.3.1)$$

この式 (4.3.1) は, 以下の条件付き確率の定義式 (第 1 章 (1.5.1) 参照) を確率密
度関数を用いて書き直した式であることに注意しよう：

$$P(B|A) = \frac{P(B \cap A)}{P(A)} = \frac{P(B \cap A)}{P(A \cap \Omega)}.$$

ここで，f を平均 0 の 2 次元正規分布と仮定し，式 (4.3.1) に式 (4.2.10) を代入する計算（$\mu_x,\, \mu_y = 0$ とする）は，以下のながれで行われる：

$$\int_{-\infty}^{\infty} f(x,y)\, dy = \int_{-\infty}^{\infty} \frac{1}{2\pi\sqrt{(\sigma_x\sigma_y)^2 - (\sigma_{xy})^2}}$$

$$\times \exp\left\{ \frac{1}{2\sqrt{(\sigma_x\sigma_y)^2 - (\sigma_{xy})^2}} \left(\left(\frac{x}{\sigma_x}\right)^2 - 2\frac{\sigma_{xy}}{\sigma_x\sigma_y} + \left(\frac{y}{\sigma_y}\right)^2 \right) \right\} dy$$

$$= \frac{1}{\sqrt{2\pi}\sigma_x} \exp\left(-\frac{1}{2} \cdot \frac{x^2}{\sigma_x^2} \right), \tag{4.3.2}$$

よって，

$$\frac{f(x,y)}{\int_{-\infty}^{\infty} f(x,y)\, dy} = \left[\frac{1}{2\pi\sqrt{(\sigma_x\sigma_y)^2 - (\sigma_{xy})^2}} \right.$$

$$\times \exp\left\{ \frac{1}{2\sqrt{(\sigma_x\sigma_y)^2 - (\sigma_{xy})^2}} \left(\left(\frac{x}{\sigma_x}\right)^2 - 2\frac{\sigma_{xy}}{\sigma_x\sigma_y} + \left(\frac{y}{\sigma_y}\right)^2 \right) \right\} \right]$$

$$\times \sqrt{2\pi}\sigma_x \exp\left(\frac{1}{2} \cdot \frac{x^2}{\sigma_x^2} \right)$$

$$= \frac{\sigma_x}{\sqrt{2\pi((\sigma_x\sigma_y)^2 - (\sigma_{xy})^2)}} \times e^{-\frac{1}{2} \cdot \frac{\sigma_x^2}{\sqrt{(\sigma_x\sigma_y)^2 - (\sigma_{xy})^2}} (y - \frac{\sigma_{xy}}{\sigma_x^2} \cdot x)^2}. \tag{4.3.3}$$

式 (4.3.3) の最後の式の指数関数の部分 $e^{-\frac{1}{2} \cdot \frac{\sigma_x^2}{\sqrt{(\sigma_x\sigma_y)^2 - (\sigma_{xy})^2}} (y - \frac{\sigma_{xy}}{\sigma_x^2} \cdot x)^2}$ に現れる項 $(y - \frac{\sigma_{xy}}{\sigma_x^2} \cdot x)^2$ は，条件付き確率密度関数 $f(y|x)$ が平均 $\frac{\sigma_{xy}}{\sigma_x^2} \cdot x$ をもつ正規分布であること（正規分布の再帰性と関連する性質（(1.10.5)，1.10 節参照）に関連している）を示している．より具体的に述べると次のとおりである．

───── **回帰直線と条件付き確率** ─────

平均 $\mu_x = 0$，$\mu_y = 0$ である 2 次元正規分布の x 座標を条件として与えた y 座標に関する条件付き確率による y 座標の平均の位置を示す式は，

$$y = \frac{\sigma_{xy}}{\sigma_x^2} \cdot x \tag{4.3.4}$$

で与えられる．この式と，（$\overline{x} = 0$，$\overline{y} = 0$ とした）回帰直線の式 (4.1.3)

> は，一致している．すなわち，回帰直線は，条件付き確率密度関数の平均の
> 位置を示す直線である．

　さて，分散・共分散行列により回帰直線の係数が定まり，それが上で述べた条件付き確率と関連していることをみたが，$\sigma_{xy} = 0$ の場合，式 (4.3.3) は次のようになる (式 (4.3.3) の σ_{xy} に 0 を代入した)：

$$f(y|x) = \frac{1}{\sqrt{2\pi}\sigma_y} \exp\left(-\frac{1}{2} \cdot \frac{y^2}{\sigma_y^2} \right). \tag{4.3.5}$$

　$\sigma_{xy} = 0$ の場合は，x の値を与えたとする条件の下での変数 y の条件付き確率密度関数 $f(y|x)$ は，x に無関係に分散 σ_y^2 の正規分布となることを式 (4.3.5) は意味している．すなわち，y の予想には，x の値を知ることに価値がないのである．

　よって，回帰直線を用いて統計的予測を行うためには，まず「$\sigma_{xy} \neq 0$ であること」を調べておかなければならない．統計的量としては，σ_{xy} は s_{xy} であり，s_{xy} は与えられたデータから求められている．s_{xy} が信頼できる値であるかどうかは，それを定めるために用いたデータの数により変わってくる．我々は，第 3 章で学んだ統計的検定の考え方を $\sigma_{xy} \neq 0$ の検定に適用しよう．その手続きは，簡潔には次のとおりである．

―――――― 相関の有無の検定 ――――――

　$\overline{x}$, $\overline{y}$, s_x^2, s_y^2, s_{xy} を第 2 章の式 (2.4.6), (2.4.7) のとおりとし，データの個数を n とする．

$$r = \frac{s_{xy}}{s_x s_y} \tag{4.3.6}$$

と定めると，**帰無仮説**

$$H_0 : \frac{\sigma_{xy}}{\sigma_x \sigma_y} = 0, \quad \text{すなわち} \quad \sigma_{xy} = 0 \tag{4.3.7}$$

の下で，

$$T = \frac{r \cdot \sqrt{n-2}}{\sqrt{1-r^2}} \tag{4.3.8}$$

は，(正確には，r を得られたデータにより定まった値ではなく，データが得られる前の確率変数とみなした場合) 自由度 $n-2$ の t 分布[10]に従うことが示され

---

10)　3.3.2, 3.3.3 項，特に，式 (3.3.8)–(3.3.10) 参照．より詳しくは [14], [17] を参照されたい．

る．よって，得られたデータによって定まった r を式 (4.3.8) に代入して得られる値を t とすると，**有意水準 $\alpha > 0$** (例えば，$\alpha = 0.05$ として百分率では 5 %) に対して，

$$|t| > t_{n-2}(\alpha/2) = t_{n-2}(0.025) \tag{4.3.9}$$

ならば，H_0 は棄却され (仮説 $\sigma_{xy} = 0$ が正しいとはいえない)，さもなくば，棄却されない (すなわち，仮説 $\sigma_{xy} = 0$ が誤りとはいいきれない．わかりやすくいい換えると，$\sigma_{xy} \neq 0$ といってもよい)．

　ここで $t_{n-2}(\alpha/2)$ は，自由度 $n-2$ の t 分布に従う確率変数 T に対し，$P(|T| > t_{n-2}(\alpha/2)) = \alpha$ を満たす定数であり，巻末の t 分布表から求められる．

◎**例 4.2.** 4.2 節において考察したデータ表 4.1 に上記の相関の有無の検定を適用してみよう．これは，100 人の学生に対する小テストの点数 x_i と，期末テストの点数 y_i に関するデータであった．(4.2.1) において，次の統計量が与えられている：

$$\overline{x} = 72.274, \qquad \overline{y} = 81.57,$$

$$s_x^2 = 17.9985,\ s_y^2 = 32.8851,\ s_{xy} = 18.6858,\ r = \frac{s_{xy}}{s_x s_y} = 0.7681\,. \tag{4.3.10}$$

ここで $n-2 = 100-2 = 98$ として，上の値を式 (4.3.8) に代入すると，$t \fallingdotseq 11.9$ となる．一方，巻末の t 分布表により，$t_{98}(0.025) < 2.0003$ であることが読み取れ，

$$t \fallingdotseq 11.9 > 2.0003 > t_{98}(0.025)$$

であるから，この例では，有意水準 $\alpha = 0.05$ で仮説 $\sigma_{xy} = 0$ は棄却される．さらに，より厳しい有意水準として $\alpha = 0.005$ を設定しても，

$$t \fallingdotseq 11.9 > 2.9146 > t_{98}(0.0025)$$

であるから，仮説 $\sigma_{xy} = 0$ は棄却される．詳しくいえば，仮説 $\sigma_{xy} = 0$ が正しいとすると，得られた $t \fallingdotseq 11.9$ とは，0.5 % より小さな確率でしか現れない稀なデータが現れた結果となる．このような結論につながる仮説 $\sigma_{xy} = 0$ は，正しい，というべきではない (仮説 $\sigma_{xy} = 0$ は誤りである)．　　　□

4.4 3変数以上の重回帰モデル

本節では，2種類以上の統計量により，他の1つの統計量を予測 (説明) する統計的手法である **重回帰モデル** を簡潔に説明する.

4.1節では，目的とする1つの統計量 y (例えば，期末試験の成績：これを**目的変数**という) を他のもう一つの統計量 x (例えば，小テストの成績：これを**説明変数**という) を用いて予測する統計的手法 (単回帰分析) を学んだ. 本節では，さらに1つ (一般には1つ以上) の統計量 u (例えば，自由テーマによる提出課題など2つ目の説明変数) と x とをともに用いて，y の値を予測する **重回帰分析** について学ぶ[11]. 単回帰分析と同じ考え方により，x と u の値を知ったうえで，未知の y を次の式によって予測し，それが "良い予測" となるようにしたい：

$$y = a_1 x + a_2 u + b. \tag{4.4.1}$$

すなわち，式 (4.4.1) における a_1, a_2, b を上手に決めて，予測式である回帰平面 (次元が1つ上がったので，予測に用いる式は回帰直線ではなく回帰平面となる) に基づいた予測値が，実際のデータに近い値となるようにしたい. 具体的には，例えば，与えられた i 番目の学生の小テストの成績 x_i と自由テーマによる提出課題の成績 u_i を式 (4.4.1) の右辺に代入して得られる値が，この学生の期末試験の成績 y_i に近い値となるように a_1, a_2, b を定めるのである.

さて，例えば，n 人の学生に対する小テストの点数 x_i と，自由テーマによる提出課題の成績 u_i，および期末テストの点数 y_i とを，1人の学生 (データ) につき一組の3次元空間上の点 (ベクトル) (x_i, u_i, y_i) $(i = 1, \ldots, n)$ (ここで，添え字 i は i 番目の学生のデータであることを示している) とする. 4.1節と同様の考え方で，次の誤差関数 $f(a_1, a_2, b)$ を最小とする a_1, a_2, b $(-\infty < a_1, a_2, b < \infty)$ を求めたい：

$$f(a_1, a_2, b) = \frac{1}{n} \sum_{i=1}^{n} \{y_i - (a_1 x_i + a_2 u_i + b)\}^2. \tag{4.4.2}$$

この関数 $f(a_1, a_2, b)$ は，変数 a_1, a_2, b についての2次式であるから，f をこれらの変数について偏微分し，その値が0となる a_1, a_2, b において，誤差 f は最小となる. すなわち，次の連立方程式 (未知数は a_1, a_2, b) を解けばよい：

---

11) 本書では，重回帰分析において重要な概念である偏相関係数については述べないが，これについては文献 [17] を参照のこと.

$$\frac{\partial f}{\partial b} = -\frac{2}{n}\sum_{i=1}^{n}\{y_i - (a_1 x_i + a_2 u_i + b)\} = 0,$$

$$\frac{\partial f}{\partial a_1} = -\frac{2}{n}\sum_{i=1}^{n} x_i\{y_i - (a_1 x_i + a_2 u_i + b)\} = 0, \qquad (4.4.3)$$

$$\frac{\partial f}{\partial a_2} = -\frac{2}{n}\sum_{i=1}^{n} u_i\{y_i - (a_1 x_i + a_2 u_i + b)\} = 0.$$

── 2つの説明変数 x, u をもつ重回帰式 ──

連立方程式 (4.4.3) の解 a_1, a_2, b は以下のとおりである：

$$a_1 = \frac{1}{s_{xx}s_{uu} - (s_{xu})^2}(s_{uu}s_{xy} - s_{xu}s_{uy}),$$

$$a_2 = \frac{1}{s_{xx}s_{uu} - (s_{xu})^2}(-s_{ux}s_{xy} + s_{xx}s_{uy}), \qquad (4.4.4)$$

$$b = \overline{y} - a_1\overline{x} - a_2\overline{u}.$$

したがって，結論としては，式 (4.4.4) を式 (4.4.1) に代入して得られる式

$$y = a_1 x + a_2 u + b \qquad (4.4.5)$$

が，x, u により y を予測する 重回帰式 (平面) である.

ただし，式 (4.4.4) において，

$$\overline{x} = \frac{1}{n}\sum_{i=1}^{n} x_i, \qquad \overline{u} = \frac{1}{n}\sum_{i=1}^{n} u_i, \qquad \overline{y} = \frac{1}{n}\sum_{i=1}^{n} y_i, \qquad (4.4.6)$$

$$s_{xy} = \frac{1}{n}\sum_{i=1}^{n}(x_i - \overline{x})(y_i - \overline{y}), \quad s_{xu} = \frac{1}{n}\sum_{i=1}^{n}(x_i - \overline{x})(u_i - \overline{u}),$$

$$s_{uy} = \frac{1}{n}\sum_{i=1}^{n}(u_i - \overline{u})(y_i - \overline{y}), \qquad (4.4.7)$$

$$s_{xx} = \frac{1}{n}\sum_{i=1}^{n}(x_i - \overline{x})^2, \quad s_{uu} = \frac{1}{n}\sum_{i=1}^{n}(u_i - \overline{u})^2, \quad s_{yy} = \frac{1}{n}\sum_{i=1}^{n}(y_i - \overline{y})^2 \quad (4.4.8)$$

である.

◎**例 4.3.** 4人の学生が，小テスト (2点満点) を受け，自由テーマによる課題 (3点満点) を提出し，期末試験 (7点満点) を受験した. i 番目の学生の小テストの成績を x_i，自由テーマによる課題の評価を u_i，期末試験の成績を y_i $(i = 1, 2, 3, 4)$

として表すと，結果は次のとおりであった：

$$x_1 = 0, \quad u_1 = 2, \quad y_1 = 3; \qquad x_2 = 1, \quad u_2 = 2, \quad y_2 = 4;$$
$$x_3 = 1, \quad u_3 = 1, \quad y_3 = 6; \qquad x_4 = 2, \quad u_4 = 3, \quad y_4 = 7.$$

$n = 4$ であり，式 (4.4.5) を用いて，

$$\overline{x} = 1, \qquad \overline{u} = 2, \qquad \overline{y} = 5 \tag{4.4.9}$$

となる．また，式 (4.4.6), (4.4.7) により，

$$s_{xy} = 1, \quad s_{xu} = \frac{1}{4}, \quad s_{uy} = \frac{1}{4}, \quad s_{xx} = \frac{1}{2}, \quad s_{uu} = \frac{1}{2}, \quad s_{yy} = \frac{5}{2} \tag{4.4.10}$$

である．したがって，式 (4.4.4) により，

$$a_1 = \frac{16}{3}\left(\frac{1}{2} \times 1 - \frac{1}{4} \times \frac{1}{4}\right) = \frac{7}{3}, \quad a_2 = \frac{16}{3}\left(-\frac{1}{4} \times 1 + \frac{1}{2} \times \frac{1}{4}\right) = -\frac{2}{3},$$

$$b = 5 - \frac{7}{3} \times 1 + \frac{2}{3} \times 2 = 4$$

が得られ，式 (4.4.4), (4.4.5) により求める重回帰式は，

$$y = \frac{7}{3} \times x - \frac{2}{3} \times u + 4 \tag{4.4.11}$$

となる．これが x と u の値により y を予想する式である．

例えば，もし 5 人目の学生が，小テストで得点 $x_5 = 1$ を得て，自由テーマによる提出課題で $u_5 = 3$ の評価を得ていた場合，この学生は期末試験において，

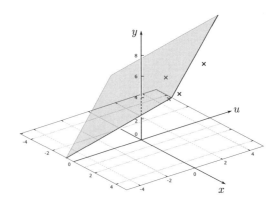

図 4.7　式 (4.4.11) の回帰平面

$$y = \frac{7}{3} \times 1 - \frac{2}{3} \times 3 + 4 = \frac{13}{3} = 4.3...$$

を得点すると予想される.　　　　　　　　　　　　　　　　　　　□

　3 次元の分散・共分散行列 Σ を定める式 (4.2.11) における変数 z を u に置き換えた式を考える. それに (4.4.10) の値を代入して得られる Σ は ($s.$ を $\sigma.$ とみなす), 例 4.3 で扱った 3 つの統計量, 小テストの成績 x, 期末試験の成績 y, 自由テーマによる課題の評価 u に関する分散・共分散行列:

$$\Sigma = \begin{pmatrix} \sigma_x^2 & \sigma_{xy} & \sigma_{xu} \\ \sigma_{xy} & \sigma_y^2 & \sigma_{yu} \\ \sigma_{ux} & \sigma_{uy} & \sigma_u^2 \end{pmatrix} = \begin{pmatrix} \frac{1}{2} & 1 & \frac{1}{4} \\ 1 & \frac{5}{2} & \frac{1}{4} \\ \frac{1}{4} & \frac{1}{4} & \frac{1}{2} \end{pmatrix} \qquad (4.4.12)$$

であり,

$$\Sigma \text{ の行列式 } |\Sigma| = \frac{1}{16}, \quad \Sigma \text{ の逆行列 } \Sigma^{-1} = \begin{pmatrix} 19 & -7 & -6 \\ -7 & 3 & 2 \\ -6 & 2 & 4 \end{pmatrix}. \quad (4.4.13)$$

式 (4.4.9) と式 (4.4.13) を式 (4.2.12) に代入することにより (式 (4.4.12) における μ_x, μ_y, μ_z をそれぞれ $\overline{x}, \overline{y}, \overline{u}$ と読み替え, 変数 z を u に置き換える), 変

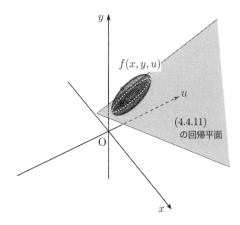

図 4.8　$f(x, y, u) = $ 一定 となる $f(x, y, u)$ の 3 次元領域 (楕円体) と式 (4.4.11) の回帰平面

数 x, y, u に関する 3 次元正規分布の密度関数 $f(x, y, u)$ が得られる．以下に，$\overline{x} = 1, \overline{y} = 5, \overline{u} = 2$ とした $f(x, y, u)$ を示す：

$$f(x, y, u) = \frac{4}{(2\pi)^{\frac{3}{2}}} \exp\left\{ -\frac{1}{2}\left\{ 19(x-1)^2 + 3(y-5)^2 + 4(u-2)^2 \right.\right.$$

$$\left.\left. - 14(x-1)(y-5) - 12(x-1)(u-2) + 4(y-5)(u-2) \right\} \right\}. \quad (4.4.14)$$

　図 4.3 にならって式 (4.4.14) の表すグラフを描きたいところであるが，$f(x, y, u)$ にはすでに 3 つの変数 (3 次元) が含まれており，その値を含めると，4 次元グラフの表示が必要となる[12]．よって，図 4.5 と図 4.6 にならって，式 (4.4.14) で定義した $f(x, y, u)$ がある一つの共通の値となる $f(x, y, u)$ の 3 次元領域 (楕円体) と，式 (4.4.11) で求めた回帰平面を重ねて描いた概念図を図 4.8 に示す．

章末問題

　1. 2022 年度の日本プロ野球のセ・リーグにおける各チームの得点平均と勝利数は，以下のとおりであった：

ヤクルト：	4.33 点，　80 回;	DeNA：	3.48 点，　73 回
阪　　神：	3.42 点，　68 回;	巨　人：	3.83 点，　68 回;
広　　島：	3.86 点，　66 回;	中　日：	2.90 点，　66 回.

得点平均を変数 x で表し，これを説明変数としよう．勝利数を目的変数 z として，これを予測する単回帰直線の式を求めよ (式 (4.1.1) を用いよ).

　2. 問題 1. と同じ設定で，失点平均のデータは以下のとおりであった：

ヤクルト：3.96 点，	DeNA：3.73 点，	阪　神：2.99 点，
巨　　人：4.12 点，	広　島：3.80 点，	中　日：3.46 点.

失点平均を変数 y で表し，これを説明変数としよう．勝利数を目的変数 z として，これを予測する単回帰直線の式を求めよ (式 (4.1.1) を用いよ).

　3. 問題 1, 2. と同じ設定で，得点平均を変数 x と失点平均を変数 y を説明変数として，目的変数 z (勝利数) を予測する重回帰式を求めよ (式 (4.4.5) を用いよ).

---

12)　これは，不可能ではないが混乱を招く.

5

応用編 (統計学 4)：主成分分析

　本章では，直観的ないい方をすると，何種類かの統計量 (例えば前章の例 4.3 での，小テストの成績，自由テーマによる提出課題の評価，期末試験の成績など) を組み合わせて，サンプル (例えば，試験を受けた各受講生) から最も多い情報量をもつ新たな統計量を創り出す統計的手法を学ぶ．この手法を **主成分分析** (principal component analysis) といい，もとの統計量を組み合わせてつくられた新たな統計量を **合成変量** という．別のいい方をすると，**主成分分析** とは，各サンプルから最も多くの情報を抽出し，それにより，異なるサンプル間の違いを明確にさせる統計的手法である．これにより，異なるサンプルは，よりハッキリ区別できる．本章では，簡単な例 (行列の計算を含む) による説明を行う．[1]

5.1　2 次元・3 次元グラフにより理解する主成分分析 ──────

◎例 5.1.　さて，前章の例 4.3 から，小テストの成績を除いたデータを考えてみよう．なお，添え字 1, 2, 3, 4 をもつデータをそれぞれ，A 君，B 君，C 君，D 君についてのものとする．変量 y が期末試験の成績であり，変量 u が自由テーマによる提出課題の評価である：

$$\text{A 君：} \quad u_1 = 2, \quad y_1 = 3; \qquad \text{B 君：} \quad u_2 = 2, \quad y_2 = 4;$$
$$\text{C 君：} \quad u_3 = 1, \quad y_3 = 6; \qquad \text{D 君：} \quad u_4 = 3, \quad y_4 = 7. \qquad (5.1.1)$$

この例では，期末試験の成績 y_i だけを見れば C 君と D 君が高成績である．ところが，C 君については，自由テーマによる提出課題の評価は高くはない ($u_3 = 1$).

──────────

　1)　数学的用語 (特に **線形代数**) に馴染みのある読者は，本章を次の記述を念頭に読み進められれば，理解は正確かつ簡潔となる：「2 変量以上の統計データにより定まる分散・共分散行列は実正値対称行列であり，それに対する (第 1) 固有値と固有ベクトル (絶対値を 1 に正規化する) を当該の統計の問題における主成分と考えてよい．この固有ベクトル方向へのデータの直交展開 (データの表すベクトルの固有ベクトルへの正射影) により，各データについての基本的情報が得られる．」

自分で問題を見いだして解決する能力あるいは興味 (自由テーマによる提出課題)
と，教授より示された問題を解く能力 (期末試験の成績) のそれぞれは，サンプ
ル (各受講生) における異なった種類の素質である．教授のなかには，この 2 つ
の能力を総合して最終成績をつけたいと考える者がいるかもしれない[2]．では，
そのような教授にとって，**統計的に**妥当な成績評価式は何であろうか？その一つ
の答えが，第 1 主成分による評価であり，その式は，以下のとおりである：

$$総合力評価値 = \frac{y + (\sqrt{17} - 4)u}{\sqrt{1^2 + (\sqrt{17} - 4)^2}}. \tag{5.1.2}$$

この式 (5.1.2) の y と u に各受講生のデータを代入することで，各自の 主成分
得点 が得られる．各サンプルの主成分得点の大小の比較には，すべてのサンプ
ルに共通の定数の割り算である (5.1.2) の右辺の分母は影響しないので，値を煩
雑にしないために，ここでは (5.1.2) の分子のみを計算しよう．具体的には，

A 君の (主成分得点) $\times \sqrt{1^2 + (\sqrt{17} - 4)^2}$ は，$3 + (\sqrt{17} - 4) \times 2 \fallingdotseq 3.25$,

B 君の (主成分得点) $\times \sqrt{1^2 + (\sqrt{17} - 4)^2}$ は，$4 + (\sqrt{17} - 4) \times 2 \fallingdotseq 4.25$,

C 君の (主成分得点) $\times \sqrt{1^2 + (\sqrt{17} - 4)^2}$ は，$6 + (\sqrt{17} - 4) \times 1 \fallingdotseq 6.12$,

D 君の (主成分得点) $\times \sqrt{1^2 + (\sqrt{17} - 4)^2}$ は，$7 + (\sqrt{17} - 4) \times 3 \fallingdotseq 7.37$

となる．1 種類の統計量 (合成変量) である主成分得点により，各受講者のいわ
ば「総合力」が表されたことになる．主成分得点による「総合力評価」により，
4 人の受講生の「総合力」の差異が大きく現れた．　　　　　　　　　　□

注意 5.1 文献 (流儀) によっては，y と u の標本平均 $\bar{y}, \bar{u}$ を用いて，主成分得点の式
を，(5.1.2) に代えて $\dfrac{(y - \bar{y}) + (\sqrt{17} - 4)(u - \bar{u})}{\sqrt{1^2 + (\sqrt{17} - 4)^2}}$ と定めているものもある．ただしこ
の変更により，すべてのサンプルの主成分得点に共通の値が加わるのみである．

では，式 (5.1.2) により，「総合力」が表されたと考えることのできる理由を，
図により理解してみよう．そのために，4.2 節の 2 次元正規分布の説明を思い出

---

2)　著者は，最終成績評価においては受講生各自の努力の度合いを最も重視し，得点は二の次と
考えているが….

そう.統計量 y と u についての分散・共分散行列 Σ は,例 4.3 の行列 (4.4.12) における y と u の部分であるから,それは,次で与えられる (Σ には式 (4.4.10) を用いている.また,逆行列 Σ^{-1} には式 (4.2.2) と式 (4.2.4) の関係を適用している):

$$\Sigma = \begin{pmatrix} s_{yy} & s_{yu} \\ s_{yu} & s_{uu} \end{pmatrix} = \begin{pmatrix} \frac{5}{2} & \frac{1}{4} \\ \frac{1}{4} & \frac{1}{2} \end{pmatrix}, \quad \Sigma^{-1} = \begin{pmatrix} \frac{8}{19} & -\frac{4}{19} \\ -\frac{4}{19} & \frac{40}{19} \end{pmatrix}. \quad (5.1.3)$$

よって,式 (4.2.10) (または式 (4.2.8)) により,(5.1.3) により定まる y と u の 2 次元正規分布の密度関数 $f(y,u)$ は次で与えられる:

$$f(y,u) = \frac{2}{\sqrt{19}\,\pi} \exp\left\{ -\frac{4}{19}(y-5)^2 - \frac{20}{19}(u-2)^2 + \frac{4}{19}(y-5)(u-2) \right\}. \quad (5.1.4)$$

式 (5.1.4) に対する図 4.3 に対応するグラフは以下の図 5.1 である.

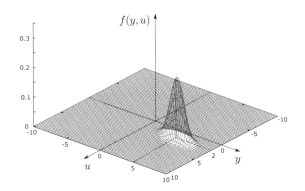

図 5.1 式 (5.1.4) の $z = f(y,u)$ のグラフ

式 (5.1.4) に基づく図 5.1 は,例 5.1 における標本平均 $(\overline{y}, \overline{u}) = (5, 2)$ に頂点をもつ 2 次元正規分布の図であるが,ここでは,説明の見通しをよくする目的で,標本平均を原点に平行移動した式とグラフを考える.すなわち,以下で与えられる平均 0 の 2 次元正規分布により,主成分分析の意味を考える:

$$f(y,u) = \frac{2}{\sqrt{19}\,\pi} \exp\left(-\frac{4}{19}y^2 - \frac{20}{19}u^2 + \frac{4}{19}yu \right). \quad (5.1.5)$$

この $z = f(y,u)$ のグラフを描くと,図 5.2 と図 5.3 となる.

続いて,図 5.3 をいくつかの平面で切り取った切り口の図をみていこう.以下

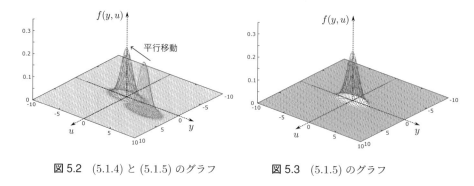

図 5.2　(5.1.4) と (5.1.5) のグラフ　　**図 5.3**　(5.1.5) のグラフ

の図 5.4 (1) 〜 (4) は，切り口となる平面を式 (5.1.5) のグラフに重ねて描いたものである．

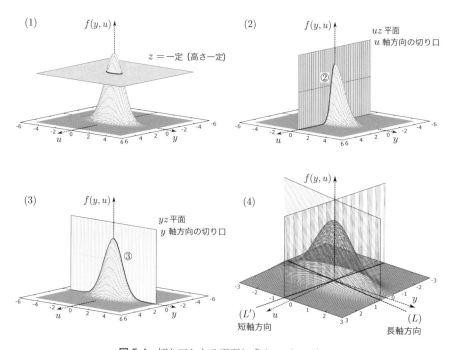

図 5.4　切り口となる平面と式 (5.1.5) のグラフ

図 5.3 を図 5.4 (1) のように切り取った図 (すなわち，z 軸に直交する平面で切り取った図 (切片，あるいは等高線)) は図 4.5 と同様に楕円となり，それを切り

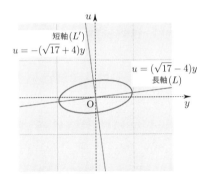

図 5.5 $z = $ 一定 の切り口

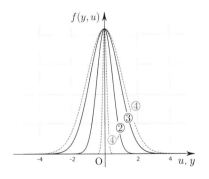

図 5.6 平面の切り口のなす曲線の概念図

口の図として 2 次元平面に描くと図 5.5 となる．その式は，式 (5.1.5) により次の ① で与えられる：

$$-\frac{4}{19}y^2 - \frac{20}{19}u^2 + \frac{4}{19}yu = 一定, \quad すなわち，\ -y^2 - 5u^2 + yu = 一定 \qquad ①$$

図 5.5 には，y 軸と u 軸に加えて，2 つの直線

$$長軸方向 \quad u = (\sqrt{17} - 4)y, \qquad (L)$$

$$短軸方向 \quad u = -(\sqrt{17} + 4)y \qquad (L')$$

も描かれている．続いて図 5.3 を

- 図 5.4 (3) のように切り取った図 (③ で与えられる)

  (正確には，y 軸と z 軸でつくられる平面である yz 平面による切片)，

- 図 5.4 (2) のように切り取った図 (② で与えられる)

  (正確には，u 軸と z 軸でつくられる平面である uz 平面による切片)，

- 図 5.4 (4) のように楕円の長軸方向の直線 (L) に沿って z 軸方向に切り取った図 (④ で与えられる)，

- 図 5.4 (4) のように楕円の短軸方向の直線 (L') に沿って z 軸方向に切り取った図 (④′ で与えられる)

を図 5.6 に示す．図 5.6 の 4 つの曲線は，外側から，長軸 (L) と z 軸でつくられる平面による切片，すなわち

$$z = \frac{2}{\sqrt{19}\,\pi}\, e^{(-4/19)y^2} \cdot e^{(-20/19)(\sqrt{17}-4)^2 y^2} \cdot e^{(4/19)(\sqrt{17}-4)y^2} \qquad ④$$

図 5.4 (3) の切り口

$$z = \frac{2}{\sqrt{19}\,\pi}\, e^{(-4/19)y^2} \qquad\qquad ③$$

図 5.4 (2) の切り口

$$z = \frac{2}{\sqrt{19}\,\pi}\, e^{(-20/19)u^2} \qquad\qquad ②$$

短軸 (L') と z 軸でつくられる平面による切片，すなわち，

$$z = \frac{2}{\sqrt{19}\,\pi}\, e^{(-4/19)y^2 \cdot (\sqrt{17}+4)^2} \cdot e^{(-20/19)y^2} \cdot e^{(-4/19)(\sqrt{17}+4)y^2} \qquad ④'$$

である．

　図 5.5 と図 5.6 により，長軸 (L) に沿って楕円の内側の点を眺めることで，それらの点は，最も散らばって (分散が大きく) みえる．すなわち，長軸方向の情報が異なる点 (データ) を最も明確に区別できることがわかる．直線 (L) の向きを表す (方向) ベクトルの (y, u) 成分 (y が 1 増えることにより u がどれだけ増えるかを示す，あるいは直線の傾きを表すもの) は，以下のとおりである：

$$\text{長軸 } (L) \text{ の方向ベクトル} = (1, \sqrt{17} - 4). \qquad (5.1.6)$$

ただし，ベクトル (5.1.6) は，長さ (絶対値) が $\sqrt{1^2 + (\sqrt{17} - 4)^2}$ であり，主成分の計算には，その方向を変えずに長さを 1 とした次の方向ベクトル (**正規化した単位方向ベクトル** という) を用いる：

$$\frac{1}{\sqrt{1^2 + (\sqrt{17} - 4)^2}} (1, \sqrt{17} - 4). \qquad (5.1.7)$$

　論点を整理すると，楕円の長軸を含む直線 (L) (したがって方向ベクトル (5.1.6)，同じことであるがその正規化 (5.1.7)) は，この例 5.1 での統計量 (y, u) (楕円内の点) を代表できる向きをもっているいえる．これにより，**各データがもつ方向ベクトル (5.1.7) の向きの大きさ**をみることにより，異なるデータの差異が最もハッキリと表されるといえる．**各データがもつ方向ベクトル (5.1.7) の向きの大きさ**は，i 番目のデータ (y_i, u_i) を，単位方向ベクトル (5.1.7) への射影 (点 (y_i, u_i) から直線 (L) に垂線を下ろした直線 (L) 上の点と原点との距離) として与えられる．具体的には，ベクトル (y_i, u_i) とベクトル (5.1.7) との内積を求めればよい．すなわち

　データ (y_i, u_i) がもつ方向ベクトル (5.1.7) の向きの大きさ

$$= \frac{1}{\sqrt{1^2 + (\sqrt{17} - 4)^2}} (1 \times y_i + (\sqrt{17} - 4) \times u_i) \qquad (5.1.8)$$

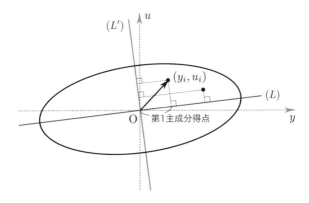

図 5.7 2変量に対する主成分の視覚的イメージ

となり，「総合力」を評価するとした式 (5.1.2) と同じ式が得られた．

　本節の結論は，以下となる：　データの分布を表す (近似する) 2次元正規分布の z 軸方向の切り口の図 (切片) は，**楕円**である．各データがもつこの楕円の長軸の向きの大きさを各データの (第 1) **主成分得点** といい，それを求める式 (例 5.1 では (5.1.3)) を **主成分** と名づける．データを 1 つ与えて，それに対する主成分の式を計算して求まる値を，各データの**主成分得点**というのである (例 5.1 では一般計算式が (5.1.8) であり，各データに対する計算は式 (5.1.2) の下に示した)．

　以下がまとめである：

─────── **2 変量に対する主成分の視覚的イメージと定義** ───────

　2 種類の統計量 x, y によって与えられるデータから，この 2 種類の統計量についての分散・共分散行列 Σ が，式 (4.2.2) のように求められる[3]．データの分布が 2 次元正規分布で近似されると想定すると，定まった Σ を用いて，式 (4.2.8) あるいは式 (4.2.10) により対応する 2 次元正規分布の密度関数が定まり，分布は特定される[4]．求まった 2 次元正規分布の密度関数を z 軸に直交する平面で切り取った図 (切片あるいは等高線) は楕円となる (図 5.4 (1) と図 5.5 参照)．この楕円の長軸と同じ方向 (ベクトルあるいは

───────────

3)　(例として，式 (4.2.5) または式 (5.1.3) 参照)
4)　(例として，式 (4.2.6) および式 (5.1.4) 参照)

傾き) をもつ原点を通る直線の方向ベクトルを (a, b) とすると，データのベクトル (x, y) と，長軸方向の方向ベクトルとの内積

$$z = ax + by \qquad (5.1.9)$$

を，このデータ (あるいはデータから定まる分散・共分散行列 Σ) の (第 1) **主成分** と名づける．なお，i 番目のデータ (x_i, y_i) を用いて求めた値 $ax_i + by_i$ を i 番目のデータの (第 1) **主成分得点** という (式 (5.1.2) 参照)．ただし，$a^2 + b^2 = 1$ とする (**注意 5.1** (p.126) および式 (5.1.7)「**ベクトルの正規化**」参照)．

上の定義は，3 種類の統計量 (実は一般の n 種類の統計量) の場合にも適用される．すなわち，次が成り立つ：

——— 3 変量 (多変量) に対する主成分の視覚的イメージと定義 ———

3 種類の統計量 x, y, z によって与えられるデータから，この 3 種類の統計量についての分散・共分散行列 Σ が，式 (4.2.11) のように求められる[5]．データの分布が 3 次元正規分布で近似されると想定すると，定まった Σ を用いて，式 (4.2.11) により対応する 3 次元正規分布の密度関数が定まり，分布は特定される[6]．求まった 3 次元正規分布の密度関数が与えられた一定の値をもつ曲面 (等高面) を描くと，それは楕円体となり[7]，この楕円体の長軸と同じ方向 (ベクトルあるいは傾き) をもつ原点を通る直線の方向ベクトルを (a, b, c) とすると，データのベクトル (x, y, z) と，長軸方向の方向ベクトルとの内積

$$u = ax + by + cz \qquad (5.1.10)$$

を，このデータ (あるいはデータから定まる分散・共分散行列 Σ) の (第 1) **主成分** と名づける．なお，i 番目のデータ (x_i, y_i, x_i) を用いて求めた値 $ax_i + by_i + cz_i$ を i 番目のデータの (第 1) **主成分得点** という．ただし，$a^2 + b^2 + c^2 = 1$ とする (**注意 5.1** (p.126) および式 (5.1.7)「**ベクトルの正規化**」参照)．

---

5) (例として，式 (4.4.12) 参照)
6) (例として，式 (4.4.14) 参照)
7) (例として，図 4.5, 4.6 参照)

以上により，読者は，主成分分析についての幾何的イメージをもたれたと期待する．技術的には，主成分の式 (5.1.9) (一般には (5.1.10) の n 変数への一般化) は，上で述べた楕円 (体) の長軸方向のベクトルを求めることで特定される．では，そもそも所望の方向ベクトル (5.1.6) はどのようにして求めればよいのであろうか？

上述の方向ベクトルを，線形代数の言葉を用いて種明かししよう．ここでは，2 次元ベクトル，2 行 2 列の行列についてのみの記述とするが，一般の n 次元についても，数学的構造は同じである．

── 主成分分析で用いる線形代数の基本事項 ──

式 (4.2.2) の分散・共分散行列 Σ が与えられているとする．これは式 (4.2.3) を満たす正値 (一般には非負値) 実対称行列であり，ある非負の数 $\lambda_1 \geqq 0$ と $\lambda_2 \geqq 0$ が存在し ($\lambda_1 = \lambda_2$ となることもある)，かつ，ある 2 つのベクトル $\begin{pmatrix} a_1 \\ b_1 \end{pmatrix}$, $\begin{pmatrix} a_2 \\ b_2 \end{pmatrix}$ が存在し (これらは $\begin{pmatrix} 0 \\ 0 \end{pmatrix}$ ではない) 次を満たすとする：

$$\begin{pmatrix} s_x^2 & s_{xy} \\ s_{xy} & s_y^2 \end{pmatrix} \begin{pmatrix} a_1 \\ b_1 \end{pmatrix} = \lambda_1 \begin{pmatrix} a_1 \\ b_1 \end{pmatrix}, \qquad (5.1.11)$$

$$\begin{pmatrix} s_x^2 & s_{xy} \\ s_{xy} & s_y^2 \end{pmatrix} \begin{pmatrix} a_2 \\ b_2 \end{pmatrix} = \lambda_2 \begin{pmatrix} a_2 \\ b_2 \end{pmatrix}, \qquad (5.1.12)$$

$$a_1 a_2 + b_1 b_2 = 0. \qquad (5.1.13)$$

このとき，λ_1, λ_2 を行列 Σ の **固有値** といい，その大きいほうを (例えば λ_1) を **第 1 固有値**，小さいほう (例えば λ_2) を **第 2 固有値** とよぶ：

$$\lambda_1 > \lambda_2 \geqq 0. \qquad (5.1.14)$$

ベクトル $\begin{pmatrix} a_1 \\ b_1 \end{pmatrix}$ を固有値 λ_1 に付随する **固有ベクトル** といい，ベクトル $\begin{pmatrix} a_2 \\ b_2 \end{pmatrix}$ を固有値 λ_2 に付随する固有ベクトルという．これらのベクトルの任意の定数倍は，やはり同じ固有値に付随する固有ベクトルとなる (固有ベクトルは定数倍で区別できない)．ここでは，これらの絶対値 (長さ) を 1 としたもの (**正規化**) を考えることにし，次を仮定する：$(a_1)^2 + (b_1)^2 = 1$.

> 主成分分析における楕円 (体) の長軸方向のベクトルは,
>
> 　第 1 固有値に付随する固有ベクトルである.　　　(5.1.15)

◎**例 5.2.** さて, 期末試験の成績と自由課題の評価に関する例 5.1 では, 式 (5.1.3) により分散・共分散行列は $\Sigma = \begin{pmatrix} \frac{2}{5} & \frac{1}{4} \\ \frac{1}{4} & \frac{1}{2} \end{pmatrix}$ である. 直接の計算により, 次が確認できる :

$$\begin{pmatrix} \frac{2}{5} & \frac{1}{4} \\ \frac{1}{4} & \frac{1}{2} \end{pmatrix} \begin{pmatrix} 1 \\ \sqrt{17}-4 \end{pmatrix} = \begin{pmatrix} \frac{2}{5} \times 1 + \frac{1}{4} \times (\sqrt{17}-4) \\ \frac{1}{4} \times 1 + \frac{1}{2} \times (\sqrt{17}-4) \end{pmatrix}$$

$$= \left(\frac{3}{2} + \frac{1}{4}\sqrt{17} \right) \begin{pmatrix} 1 \\ \sqrt{17}-4 \end{pmatrix}, \qquad (5.1.16)$$

同様に,

$$\begin{pmatrix} \frac{2}{5} & \frac{1}{4} \\ \frac{1}{4} & \frac{1}{2} \end{pmatrix} \begin{pmatrix} 1 \\ -\sqrt{17}-4 \end{pmatrix} = \begin{pmatrix} \frac{2}{5} \times 1 + \frac{1}{4} \times (-\sqrt{17}-4) \\ \frac{1}{4} \times 1 + \frac{1}{2} \times (-\sqrt{17}-4) \end{pmatrix}$$

$$= \left(\frac{3}{2} - \frac{1}{4}\sqrt{17} \right) \begin{pmatrix} 1 \\ -\sqrt{17}-4 \end{pmatrix}. \qquad (5.1.17)$$

式 (5.1.16) は式 (5.1.11) に対応し, 式 (5.1.17) は式 (5.1.12) に対応しており, $\frac{3}{2} + \frac{1}{4}\sqrt{17} > \frac{3}{2} - \frac{1}{4}\sqrt{17}$ であるから, 式 (5.1.14) により,

$$\lambda_1 = \frac{3}{2} + \frac{1}{4}\sqrt{17} \qquad (5.1.18)$$

が第 1 固有値であり,

$$\lambda_2 = \frac{3}{2} - \frac{1}{4}\sqrt{17} \qquad (5.1.19)$$

が第 2 固有値である. 第 1 固有値に付随する固有ベクトルは, (5.1.16) により $\begin{pmatrix} 1 \\ \sqrt{17}-4 \end{pmatrix}$ であるから, 式 (5.1.15) により, これが (正規化しない) 主成分分析における楕円 (体) の長軸方向のベクトルである. これで, 式 (5.1.6) が得られた.　　　　　　　　　　　　　　　　　　　　　　　　　□

─── **第 2 (一般に n) 主成分と寄与率** ───

　式 (5.1.12) と式 (5.1.14) で定義した第 2 固有値 λ_2 に付随する固有ベクト

ル $\begin{pmatrix} a_2 \\ b_2 \end{pmatrix}$ は，上で述べた楕円 (体) の短軸方向のベクトルであり，これと

データのベクトルとの内積の式

$$z = a_2 x + b_2 y \tag{5.1.20}$$

は，**第 2 主成分**とよばれる.

　一般に n (自然数) 種類の統計量をもつデータからは，n 行 n 列の分散・共
分散行列が定まり，これは，正値 (非負値) 対称行列である. この行列に対し，
n 個の (重複を含む) 非負の固有値 $\lambda_1 > \lambda_2 > \cdots > \lambda_n$ と付随する固有ベク
トルが存在し，大きい順に並べて k 番目にある固有値 λ_k を **第 k 固有値** と
いう. 第 k 固有値 λ_k に付随する固有ベクトルと，データのベクトルとの内
積の式を **第 k 主成分** という. (章末問題 1 を参照のこと.) なお，第 k 主
成分 $(k = 1, 2, \ldots, n)$ の **寄与率** は次で定義される：

$$\text{第 } k \text{ 主成分の寄与率} = \frac{\lambda_k}{\lambda_1 + \lambda_2 + \cdots + \lambda_n}. \tag{5.1.21}$$

例 5.1 に対しては，式 (5.1.18), (5.1.17) と寄与率の定義式 (5.1.20) により，

$$\text{第 1 主成分の寄与率} = \frac{\frac{3}{2} + \frac{1}{4}\sqrt{17}}{3} \fallingdotseq 0.84 \quad (84\,\%),$$

$$\text{第 2 主成分の寄与率} = \frac{\frac{3}{2} - \frac{1}{4}\sqrt{17}}{3} \fallingdotseq 0.16 \quad (16\,\%)$$

となる.

　注意 5.2　式 (5.1.21) の分母は，分散・共分散行列のトレース (対角成分の和) $s_1^2 +$
$s_2^2 + \cdots + s_n^2$ と定義してもよい. 実対称行列 (一般には対角化可能な行列) に対しては，

$$\lambda_1 + \lambda_2 + \cdots + \lambda_n = s_{11} + s_{22} + \cdots + s_{nn}$$

が成り立つことによる[8].

　これまでに説明した主成分分析についての理解を深める目的で，以下に人工的
な例 (現実のデータとは無関係な例) を示そう.

───────────
8) この関係式は簡単に証明できる. 例えば，文献 [22] p.111，問題 5.4 の 7. 参照.

◎**例 5.3.** 100 校の総合大学について統計調査を行ったとする．社会における影響力の大小の指標となる大学の学生数の評価値 (卒業生が多数であれば，その大学の社会での影響力は大きいと考えられるので，10 段階評価として，卒業生が最多の階級の評価を 10，相対的に最も少ない階級の評価を 1 とする) を変量 x で表し，社会からの学部教育への評価値 (学部学生への丁寧な講義の評価を 10 段階 (最高評価は 10，最低評価は 1 とする)) を変量 y で表し，さらに，大学院教育に関連して，博士課程学生の育成数評価値 (10 段階評価とし，育成数が多いほど評価値は大きいとする) を変量 z で表すことにした．

得られた統計データは，$(x_1, y_1, z_1), (x_2, y_2, z_2), \ldots, (x_{100}, y_{100}, z_{100})$ で表される ((x_k, y_k, z_k) は，k 番目の大学についての，上で定めた 3 つの変量についてのデータを示している)．この 100 個のデータを用いて，2.5 節の式 (2.5.1) を 3 変量へ一般化した式 (4.4.6)，(4.4.7)，(4.4.8) を計算して，分散・共分散行列 Σ を求めると，次のとおりになったとしよう：

$$\Sigma = \begin{pmatrix} s_{xx} & s_{xy} & s_{xz} \\ s_{xy} & s_{yy} & s_{yz} \\ s_{zx} & s_{zy} & s_{zz} \end{pmatrix} = \begin{pmatrix} 13/6 & 7/6 & 4/6 \\ 7/6 & 13/6 & 4/6 \\ 4/6 & 4/6 & 16/6 \end{pmatrix}. \quad (5.1.22)$$

この正値対称行列 Σ に対して，次が成り立つ：

$$\begin{pmatrix} 13/6 & 7/6 & 4/6 \\ 7/6 & 13/6 & 4/6 \\ 4/6 & 4/6 & 16/6 \end{pmatrix} \cdot \begin{pmatrix} \frac{\sqrt{3}}{\sqrt{6}} \\ -\frac{\sqrt{3}}{\sqrt{6}} \\ 0 \end{pmatrix} = 1 \cdot \begin{pmatrix} \frac{\sqrt{3}}{\sqrt{6}} \\ -\frac{\sqrt{3}}{\sqrt{6}} \\ 0 \end{pmatrix}, \quad (5.1.23)$$

$$\begin{pmatrix} 13/6 & 7/6 & 4/6 \\ 7/6 & 13/6 & 4/6 \\ 4/6 & 4/6 & 16/6 \end{pmatrix} \cdot \begin{pmatrix} \frac{1}{\sqrt{6}} \\ \frac{1}{\sqrt{6}} \\ -\frac{2}{\sqrt{6}} \end{pmatrix} = 2 \cdot \begin{pmatrix} \frac{1}{\sqrt{6}} \\ \frac{1}{\sqrt{6}} \\ -\frac{2}{\sqrt{6}} \end{pmatrix}, \quad (5.1.24)$$

$$\begin{pmatrix} 13/6 & 7/6 & 4/6 \\ 7/6 & 13/6 & 4/6 \\ 4/6 & 4/6 & 16/6 \end{pmatrix} \cdot \begin{pmatrix} \frac{\sqrt{2}}{\sqrt{6}} \\ \frac{\sqrt{2}}{\sqrt{6}} \\ \frac{\sqrt{2}}{\sqrt{6}} \end{pmatrix} = 4 \cdot \begin{pmatrix} \frac{\sqrt{2}}{\sqrt{6}} \\ \frac{\sqrt{2}}{\sqrt{6}} \\ \frac{\sqrt{2}}{\sqrt{6}} \end{pmatrix}. \quad (5.1.25)$$

この 3 次元ベクトルに対しての固有値，固有ベクトルの定義は，式 (5.1.11)，(5.1.12) を 3 次元に書き換えることで得られ，式 (5.1.23)，(5.1.24)，(5.1.25) はそれぞれ，

ベクトル $\dfrac{1}{\sqrt{6}} \cdot \begin{pmatrix} \sqrt{3} \\ -\sqrt{3} \\ 0 \end{pmatrix}$ が行列 Σ の固有値 1 の固有ベクトル,

ベクトル $\dfrac{1}{\sqrt{6}} \cdot \begin{pmatrix} 1 \\ 1 \\ -2 \end{pmatrix}$ が行列 Σ の固有値 2 の固有ベクトル,

ベクトル $\dfrac{1}{\sqrt{6}} \cdot \begin{pmatrix} \sqrt{2} \\ \sqrt{2} \\ \sqrt{2} \end{pmatrix}$ が行列 Σ の固有値 4 の固有ベクトル,

となっていることを示している. $4 > 2 > 1$ であるから,固有値 4 が第 1 固有値,固有値 2 が第 2 固有値,固有値 1 が第 3 固有値であり (式 (5.1.14), (5.1.15) 参照),式 (5.1.10) により,(第 1) 主成分は

$$u = \frac{\sqrt{2}}{\sqrt{6}}(x + y + z), \qquad (5.1.26)$$

(第 2) 主成分は

$$u = \frac{1}{\sqrt{6}}(x + y - 2z), \qquad (5.1.27)$$

(第 3) 主成分は

$$u = \frac{\sqrt{3}}{\sqrt{6}}(x - y) \qquad (5.1.28)$$

となる.

式 (5.1.21) により,第 1 主成分の寄与率は $\dfrac{4}{1+2+4} = \dfrac{4}{7} \fallingdotseq 0.57$ であり,第 1 主成分には,データの全情報中の 57 % 程度が含まれていることになる. 第 2 主成分までの情報を加えると,寄与率は $\dfrac{4+2}{1+2+4} = \dfrac{6}{7} \fallingdotseq 0.86$,すなわち 86 % 程度の情報が含まれるといえる. このことから,この例では,データのもつ情報を十分に引き出すためには,第 2 主成分までを用いる必要がある. 例えば,A 大学は,社会における影響力の大小の指標となる大学の学生数の評価値 $x_{A1} = 5$,社会からの学部教育への評価値 $y_{A1} = 8$,大学院教育に関連して博士課程学生の育成数評価値 $z_{A1} = 5$ であるとし (したがって $(x_{A1}, y_{A1}, z_{A1}) = (5, 8, 5)$),一方,B 大学は,社会における影響力の大小の指標となる大学の学生数の評価値 $x_{B1} = 3$,社会からの学部教育への評価値 $y_{B1} = 8$,大学院教育に関連して博士課程学生の育成数評価値 $z_{B1} = 7$ (したがって $(x_{B1}, y_{B1}, z_{B1}) = (3, 8, 7)$) で

あったとする．第 1 主成分得点は A, B 両大学とも同じで $\dfrac{\sqrt{2}}{\sqrt{6}} \times 18$ であるが，第 2 主成分得点については，A 大学は $\dfrac{1}{\sqrt{6}} \times 3$, 一方，B 大学は $-\dfrac{1}{\sqrt{6}} \times 3$ である．第 1 主成分を総合力評価とみれば A, B に差はないが，第 2 主成分までみることにより，B 大学の研究力の高さがハッキリと現れる．直観的にいえば，この例では，正の大きな値の第 2 主成分は，大学の社会一般での (学部教育の評価も含めた) 高評価を示し，一方，低い値，あるいは負の値の第 2 主成分は，大学の社会的評価よりも，その研究力の高さを示していることとなる．   □

式 (5.1.22) で与えられた Σ に対し，その行列式は，

$$|\Sigma| = \frac{7}{4} \tag{5.1.29}$$

であり，逆行列は，

$$\Sigma^{-1} = \frac{1}{12} \times \begin{pmatrix} 8 & -4 & -1 \\ -4 & 8 & -1 \\ -1 & -1 & 5 \end{pmatrix} \tag{5.1.30}$$

で与えられる．式 (4.2.12) (p.116) により，この例 5.3 における 3 次元正規分布の密度関数は次のとおりである：

$$f(x,y,z) = \frac{1}{(2\pi)^{\frac{3}{2}} |\frac{7}{4}|^{\frac{1}{2}}}$$
$$\times \exp\left\{ -\frac{1}{2}(x - \mu_x, y - \mu_y, z - \mu_z) \cdot \Sigma^{-1} \cdot {}^t(x - \mu_x, y - \mu_y, z - \mu_z) \right\}. \tag{5.1.31}$$

本書では，**注意 5.1** により，主成分得点の定義式には標本平均 μ_x, μ_y, μ_z は用いないので，図 4.6 に対応する楕円体 ($f(x,y,z) = $ 一定値 の表すグラフ) の式は，式 (5.1.31) の指数部分

$$-\frac{1}{2}(x - \mu_x, y - \mu_y, z - \mu_z) \cdot \Sigma^{-1} \cdot {}^t(x - \mu_x, y - \mu_y, z - \mu_z)$$

において，$\mu_x = \mu_y = \mu_z = 0$ として次で与えられる：

$$(x,y,z) \cdot \Sigma^{-1} \cdot {}^t(x,y,z) = \text{一定値}. \tag{5.1.32}$$

例えば，式 (5.1.32) の右辺の一定値を 40 とすると，(5.1.30) を用いて，(5.1.32)

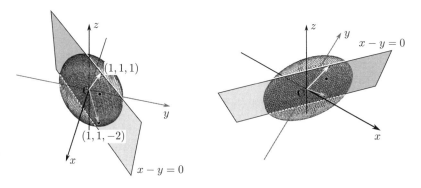

図 5.8　例 5.3 における分散・共分散行列 Σ (式 (5.1.22) (p.136) で与えた) による図 4.7 に対応する楕円体 (5.1.33) のグラフ

は，具体的に次の式となる：

$$5z^2 - 2(x+y)z + 8(x^2 + y^2 - xy) = 40. \tag{5.1.33}$$

式 (5.1.33) で与えられる楕円体のグラフを図 5.8 に示す．

　注意 5.3　大量のデータに対する (重) 回帰分析や主成分分析の実際は，(固有値や固有ベクトル，回帰直線の式を手計算で導出することは困難であるため) Excel (Microsoft 社) などを利用して行われる[9]．ただし，それらの活用は，本書などの統計学についての基礎的教科書を学んだうえで行われるべきである．いわゆる統計ソフトを最初から利用するのであれば，ここまでの本書の記述は，"身も蓋もない"ものとなってしまう．統計学の応用について本質的な前進を望まれる読者は，単に効率のみにとらわれて行動すべきではないことに注意されたい．

章末問題

　1.　10 店のカジュアルなイタリアンレストラン (トラットリア) について，料理に対する顧客による評価を集計したとする．メイン料理 (セコンド・ピアット) の肉料理の項目 x，メイン料理の魚料理の項目 y，プリモ・ピアット (ピザやスパゲティなど) の料理の項目 z，デザート (ドルチェ) の項目 u の各々を 5 段階で評価した．その結果，各項目の平均は，$\bar{x} = 3$, $\bar{y} = 3$, $\bar{z} = 3$, $\bar{u} = 3$ であり，分散・共分散行列 Σ は次のとおりで

---

　9)　文献 [17], [18] 参照のこと．

あった：

$$\Sigma = \begin{pmatrix} s_{xx} & s_{xy} & s_{xz} & s_{xu} \\ s_{yx} & s_{yy} & s_{yz} & s_{yu} \\ s_{zx} & s_{zy} & s_{zz} & s_{zu} \\ s_{ux} & s_{uy} & s_{uz} & s_{uu} \end{pmatrix} = \frac{1}{4} \cdot \begin{pmatrix} 11 & 3 & 1 & 1 \\ 3 & 11 & 1 & 1 \\ 1 & 1 & 11 & 3 \\ 1 & 1 & 3 & 11 \end{pmatrix}.$$

この Σ に対する固有値は大きい順に，$\lambda_1 = 4,\ \lambda_2 = 3,\ \lambda_3 = 2,\ \lambda_4 = 2$ であり，それぞれの固有値に付随する固有ベクトル (長さを 1 とする) $\boldsymbol{a}_1, \boldsymbol{a}_2, \boldsymbol{a}_3, \boldsymbol{a}_4$ は，次のとおりである：

$$\boldsymbol{a}_1 = \frac{1}{2}\begin{pmatrix} 1 \\ 1 \\ 1 \\ 1 \end{pmatrix}, \quad \boldsymbol{a}_2 = \frac{1}{2}\begin{pmatrix} 1 \\ 1 \\ -1 \\ -1 \end{pmatrix}, \quad \boldsymbol{a}_3 = \frac{1}{2}\begin{pmatrix} 1 \\ -1 \\ -1 \\ 1 \end{pmatrix}, \quad \boldsymbol{a}_4 = \frac{1}{2}\begin{pmatrix} 1 \\ -1 \\ 1 \\ -1 \end{pmatrix}.$$

(1) $\Sigma \cdot \boldsymbol{a}_1 = 4\boldsymbol{a}_1$ が成り立つこと (ベクトル $\boldsymbol{a}_1$ が，行列 Σ の固有値 4 の固有ベクトルであること) を確かめよ．

(2) 第 1 主成分 p_1 は

$$p_1 = \frac{1}{2}x + \frac{1}{2}y + \frac{1}{2}z + \frac{1}{2}u$$

で与えられる理由を，p.133「主成分分析で用いる線形代数の基本事項」に従って説明せよ．

(3) 第 2 主成分 p_2 を求めよ．

(4) 店 A の評価値は $x_1 = 4, y_1 = 4, z_1 = 3, u_1 = 3$ であり，店 B の評価値は $x_1 = 2, y_1 = 3, z_1 = 4, u_1 = 4$ であった，A, B それぞれの店の第 1 主成分得点と第 2 主成分得点を求め，それに基づいて，第 1 主成分と第 2 主成分により，どのような店の特徴がわかるかを考察せよ．

(5) 第 2 主成分までの寄与率を求めよ．

2. 4 章の章末問題 1, 2, 3 と同じデータを用いる．2022 年度の日本プロ野球のセ・リーグにおける各チームの得点平均 x と，失点平均 y と勝利数 z についてのデータであった．これに基づいて，3 つの変量の分散・共分散行列 Σ を求めると，次のとおりである (4 章の章末問題の解答を参照のこと)：

$$\Sigma = \begin{pmatrix} s_{xx} & s_{xy} & s_{xz} \\ s_{xy} & s_{yy} & s_{yz} \\ s_{zx} & s_{zy} & s_{zz} \end{pmatrix} = \begin{pmatrix} (0.44)^2 & (0.10)^2 & 1.42 \\ (0.10)^2 & (0.37)^2 & 0.64 \\ 1.42 & 0.64 & (4.98)^2 \end{pmatrix}.$$

本章の**例 5.3** にならって主成分分析を行い，各球団 (ヤクルト，DeNA，阪神，巨人，広島，中日) の第 1 主成分得点と第 2 主成分得点を求め，それに基づいて，各球団の特徴を分析せよ．ただし，このように実際のデータよりつくられた分散・共分散行列 Σ に対しては，固有値，固有ベクトルを手計算で求めることは容易ではない．それらを求めるためには，数学ソフトを用いる (本章末の**注意 5.3** を参照のこと)．

A

補　遺

ここでは，第1章で解説した確率論の重要な概念の一つである「条件付き期待値」
について補足するとともに，「ド・モアブル–ラプラスの定理」の証明を与える．

A.1　条件付き期待値

離散確率変数の条件付き期待値

事象 A に条件付けた条件付き確率分布 $\{p_k^{(A)}\}$ に基づく期待値を，事象
A の下での **条件付き期待値** (conditional expectation) という：

$$\mathbb{E}[X|A] = \sum_{k:\, x_k \in A} x_k\, p_k^{(A)}.$$

ただし，$p_k^{(A)}$ は次で与えられるものである：

$$p_k^{(A)} = P(X = x_k \,|\, A).$$

通常の期待値が Ω 全体にわたっての平均であるのに対し，条件付き期待値は，
$A\ (\subset \Omega)$ に限定したところでの局所的な期待値である．

◎例 **A.1.**　2つのサイコロを投げるとき，一方の目の数を X_1 とし，2つのサ
イコロの目の和を X とする．このとき，

$$\mathbb{E}[X|X_1 = 1] = \sum_{k=2}^{7} k\, P(X = k|X_1 = 1) = \sum_{k=2}^{7} k\,\frac{1}{6} = \frac{27}{6} = \frac{9}{2},$$

同様に，$\mathbb{E}[X|X_1 = 2] = \dfrac{11}{2}, \ldots, \mathbb{E}[X|X_1 = 6] = \dfrac{19}{2}$ となる．　　　□

◎**例 A.2.** データ $\{x_1, \ldots, x_N\}$ を次の度数分布表に仕分けたとする.

級	値
C_1	$x_{11}, x_{12}, \ldots$
C_2	$x_{21}, x_{22}, \ldots$
$\vdots$	

例えば $\{x_1, \ldots, x_N\}$ を N 人の身長データ, C_k を k 年生 $(k = 1, \ldots, 6)$ とし, $H_l = [100 + 5(l-1),\ 100 + 5l]\,[\mathrm{cm}]$ を第 l 区間とすると, 各級 C_k の任意の i 番目のデータ x_{ki} に対し

$$p_l^{(k)} = \frac{P\big(C_k \cap \{x_{ki} \in H_l\}\big)}{P(C_k)}, \qquad l = 1, 2, \ldots$$

は, 級 C_k 内の身長 $\{x_{k1}, x_{k2}, \ldots\}$ の相対頻度[1]による確率分布を与える. これは, 級 C_k に限定した場合の条件付き確率分布である. このとき, 条件付き期待値 $\mathbb{E}[X|C_k] = \sum_{l \geqq 1} x_l\, p_l^{(k)}$ は級 C_k での**級内平均**にほかならない.   □

$Y(\omega) = y$ のとき,

$$\mathbb{E}[X|Y](\omega) = \mathbb{E}[X|Y(\omega) = Y]$$

によって, 確率変数として条件付期待値 $\mathbb{E}[X|Y]$ を考える.

事象の列と条件付き期待値

事象の列 $A_1, A_2, \ldots$ が排反ならば次が成り立つ:

$$\mathbb{E}[X|A_k](\omega) = \begin{cases} \text{定数 } c_k, & \omega \in A_k, \\[2mm] 0, & \omega \in A_k^c. \end{cases} \qquad (\text{A.1.1})$$

---

k を 1 つ固定して, $\omega_i = \{$事象 $A_k (\subset \Omega)$ の中で $X = x_i$ の値をとる$\}$ あるいは $\omega_i = \{$事象 $A_k (\subset \Omega)$ の中で $X \in S_i\}$ とすると, 条件付き確率 $p_k^{(A)}$ は $\omega_1, \omega_2, \ldots \subset A_k$ にわたっての確率分布である. つまり, $p_k^{(A)}$ は A_k 上で共通の確率分布であることからわかる[2]. もちろん, 事象 $\{X = x_i \cap A_k\} \cap A_k^c = \emptyset$ なので, $\omega \in A_k^c$ に対しては条件付き期待値は 0 である.

---
1) 該当する実現値の標本数 (頻度) に対し, 相対頻度は全標本中でのその割合である.
2) 文献 [2, Example 34.1] を参照.

特に, 2つの事象 $A_1 = A$, $A_2 = A^c$ に対しても $\mathbb{E}[X|A](\omega) = c_1$, $\mathbb{E}[X|A^c](\omega)$ $= c_2$ のようになる.

―――― 期待値と条件付き期待値 ――――

確率変数 X, Y に対して次が成り立つ:
$$\mathbb{E}\big[\,\mathbb{E}[X|Y]\,\big] = \mathbb{E}[X]. \tag{A.1.2}$$

証明　X, Y が離散確率変数で, とる値をそれぞれ $\{x_k\}, \{y_l\}$ とすると

$$
\begin{aligned}
\mathbb{E}\big[\,\mathbb{E}[X|Y]\,\big] &= \sum_l \mathbb{E}[X|Y = y_l]\, P(Y = y_l) \\
&= \sum_l \sum_k x_k\, P(X = x_k|Y = y_l)\, P(Y = y_l) \\
&= \sum_k x_k \sum_l P(X = x_k|Y = y_l)\, P(Y = y_l) \\
&= \sum_k x_k \sum_l P(\{X = x_k\} \cap \{Y = y_l\}) \\
&= \sum_k x_k\, P(X = x_k) = \mathbb{E}[X]
\end{aligned}
\tag{A.1.3}
$$

である. X, Y が連続確率変数の場合も同様にして示すことができる. ∎

(A.1.3) の5行目にあるように, $\mathbb{E}[X]$ は当然 確率分布 $P(X = x_k)$ に基づく期待値である. 一方, 1行目にあるように, $\mathbb{E}\big[\,\mathbb{E}[X|Y]\,\big]$ は確率分布 $P(Y = y_l)$ に基づく期待値であることに注意しよう.

以下に, 条件付き期待値の性質をあげておく. これらは, 離散および連続の確率変数いずれに対しても成り立つ:

―――― 条件付き期待値の性質 ――――

X, Y を確率変数, g, h は1変数あるいは2変数の関数とし, A は任意の事象とする.

(1)　$\mathbb{E}\big[\,c_1 g_1(X_1) + c_2 g_2(X_2)\,\big|\, A\,\big]$
$\qquad = c_1 \mathbb{E}[g_1(X_1)\,|\,A] + c_2 \mathbb{E}[g_2(X_2)\,|\,A]$,　ただし c_1, c_2 は定数.

(2)　$g(x) \geqq 0 \implies \mathbb{E}\big[\,g(X)\,\big|\,A\,\big] \geqq 0.$

(3)　X, Y が独立 $\implies \mathbb{E}\big[\,g(X)\,\big|\,Y = y\,\big] = \mathbb{E}\big[\,g(X)\,\big].$

(4)　$\mathbb{E}\big[\,g(X,Y)\,\big|\,Y = y\,\big] = \mathbb{E}\big[\,g(X,y)\,\big|\,Y = y\,\big]$,　また,
$\qquad \mathbb{E}\big[\,g(X,Y)\,\big] = \mathbb{E}\big[\,\mathbb{E}[g(X,Y)\,|\,Y]\,\big]$

$$= \sum_y \mathbb{E}\big[\, g(X, Y) \,\big|\, Y = y \,\big] \, p_Y(y).$$

(5)　$\mathbb{E}\big[\, g(X) h(Y) \,\big|\, Y = y \,\big] = h(y) \, \mathbb{E}\big[\, g(X) \,\big|\, Y = y \,\big],$　また,

$$\mathbb{E}\big[\, g(X) h(Y) \,\big] = \mathbb{E}\big[\, \mathbb{E}\big[\, g(X) h(Y) \,\big|\, Y \,\big] \,\big]$$

$$= \sum_y h(y) \, \mathbb{E}\big[\, g(X) \,\big|\, Y = y \,\big] \, p_Y(y).$$

ただし, (4), (5) の最後の等式は離散確率変数の場合について示した.

(4) の 2 行目で特に $g(x, y) \equiv c$ (定数) とすると

$$\mathbb{E}\big[\, c \,\big|\, Y = y \,\big] = c$$

がわかる. さらに (5) の 1 行目で $g(x) \equiv 1$ とすると

$$\mathbb{E}\big[\, h(Y) \,\big|\, Y = y \,\big] = h(y) \tag{A.1.4}$$

となり, (5) の 2 行目で $h(y) \equiv 1$ とすると

$$\mathbb{E}\big[\, g(X) \,\big] = \mathbb{E}\big[\, \mathbb{E}\big[\, g(X) \,\big|\, Y \,\big] \,\big] = \sum_y \mathbb{E}\big[\, g(X) \,\big|\, Y = y \,\big] \, p_Y(y) \tag{A.1.5}$$

となって (A.1.2) を得る.

◎例 A.3.　$X_1, X_2, \ldots$ は独立同分布の確率変数列で

$$X_1 \sim g\big(\text{離散確率分布 } \{g_k\},\ \text{または 確率密度関数 } g(x)\big)$$

とする. また, N は $\{X_i\}$ とは独立な確率変数で, 自然数値をとり, $N \sim \{q_n\}$ とする. このとき, 次で与えられる**ランダム和**

$$X = \sum_{i=1}^{N} X_i$$

の確率分布は次のように書ける :

$$P(X = k) = \sum_{n=1}^{\infty} P\left(\sum_{i=1}^{N} X_i = k \,\middle|\, N = n \right) P(N = n)$$

$$= \sum_{n=1}^{\infty} P\left(\sum_{i=1}^{n} X_i = k \,\middle|\, N = n \right) P(N = n)$$

$$= \sum_{n=1}^{\infty} \underbrace{P\left(\sum_{i=1}^{n} X_i = k \right)}_{= \, g_k^{(n)}} P(N = n)$$

$$= \sum_{n=1}^{\infty} g_k^{(n)} q_n \qquad \left(\begin{array}{l} \text{確率分布の列 } \{g_k^{(n)}\} \text{ の期待値を} \\ \text{確率分布 } \{q_n\} \text{ に基づいてとる.} \end{array} \right).$$

ランダム和の場合, N の値をまず固定するごとに和の分布を考えて, 次いでそれらを統合するという 2 段階での確率分布構成を考えており, 確率変数の合成関数のようにも考えることもできよう.

条件付き期待値 $\mathbb{E}[X|N=n]$ は $\{N=n\}$ に限定されたもとでの確率分布 $\{g_k^{(n)}\}$ に基づく期待値

$$\mathbb{E}[X|N=n] = \sum_{k=0}^{\infty} k \cdot P(X=k|N=n) = \sum_{k=0}^{\infty} k \cdot g_k^{(n)}$$

であり, 期待値 $\mathbb{E}[X]$ とは,

$$\mathbb{E}[X] = \mathbb{E}\big[\, \mathbb{E}[X|N=n] \,\big]$$

$$= \sum_{n=1}^{\infty} \mathbb{E}[X|N=n] \cdot P(N=n) = \sum_{n=1}^{\infty} \left(\sum_{k=0}^{\infty} k \cdot g_k^{(n)} \right) q_n$$

$$= \sum_{k=0}^{\infty} k \cdot \left(\sum_{n=1}^{\infty} g_k^{(n)} q_n \right)$$

という関係がある. なお, $\{g_k^{(n)}\}$ は $\sum_{i=1}^{n} X_i$ の確率分布であり, 1.10 節の畳み込み演算で与えられる. □

◎例 A.4. $X \sim B(N, p)$, ただし $N \sim B(M, q)$ は X とは独立で, M はある正整数値の定数とする. このとき, X の分布を求めて, 期待値を計算する.

まず分布は次のようになる:

$$P(X=k \,|\, N=n) = {}_n\mathrm{C}_k\, p^k (1-p)^{n-k}, \quad k=0,1,\ldots,n,$$

$$P(N=n) = {}_M\mathrm{C}_n\, p^n (1-q)^{M-n}, \quad n=0,1,\ldots,M$$

であるから,

$$P(X=k) = \sum_{n=0}^{M} P(X=k \,|\, N=n) \cdot P(N=n)$$

$$= \sum_{n=k}^{M} \frac{n!}{k!(n-k)!} p^k (1-p)^{n-k} \cdot \frac{M!}{n!(M-n)!} p^n (1-q)^{M-n}$$

$$= \frac{M!}{k!} p^k (1-q)^M \left(\frac{q}{1-q} \right)^k \sum_{n=k}^{M} \frac{1}{(n-k)!(M-n)!} (1-p)^{n-k} \left(\frac{q}{1-q} \right)^{n-k}$$

$$= \frac{M!}{k!(M-k)!}(pq)^k (1-q)^{M-k} \sum_{n=k}^{M} \frac{(M-k)!}{(n-k)!(M-n)!} \left(\frac{q(1-p)}{1-q} \right)^{n-k}$$

$$= \frac{M!}{k!(M-k)!}(pq)^k (1-q)^{M-k} \sum_{l=0}^{M-k} \frac{(M-k)!}{l!(M-k-l)!} \left(\frac{q(1-p)}{1-q} \right)^{l}$$

$$= \frac{M!}{k!(M-k)!}(pq)^k (1-q)^{M-k} \left[1 + \frac{q(1-p)}{1-q} \right]^{M-k}$$

$$= \frac{M!}{k!(M-k)!}(pq)^k (1-pq)^{M-k}, \quad k = 0, 1, \ldots, M.$$

これは, $X \sim B(M, pq)$ であることを示している. したがって, 期待値は, $\mathbb{E}[X] = Mpq$ となる. $\square$

□□ **例題** □□ (ランダム和の期待値と分散) _____

互いに独立な確率変数 $\{\xi_k\}$, N がそれぞれ次のように有限の期待値と分散を もつとする:

$$\mathbb{E}[\xi_k] = \mu, \qquad \mathrm{Var}[\xi_k] = \sigma^2,$$
$$\mathbb{E}[N] = \nu, \qquad \mathrm{Var}[N] = \tau^2.$$

このとき, ランダム和 $X = \sum_{k=1}^{N} \xi_k$ の期待値, 分散はそれぞれ

$$\mathbb{E}[X] = \mu\nu, \qquad \mathrm{Var}[X] = \nu\sigma^2 + \mu^2 \tau^2$$

で与えられることを示せ.

【**解**】 期待値は

$$\mathbb{E}[X] = \sum_{k=1}^{\infty} \mathbb{E}[X|N=n] \, P(N=n) = \sum_{k=1}^{\infty} \mathbb{E}\left[\sum_{k=1}^{N} \xi_k \,\middle|\, N=n \right] p_n^{(N)}$$

$$= \sum_{k=1}^{\infty} \mathbb{E}\left[\sum_{k=1}^{n} \xi_k \,\middle|\, N=n \right] p_n^{(N)} = \sum_{k=1}^{\infty} \mathbb{E}\left[\sum_{k=1}^{n} \xi_k \right] p_n^{(N)}$$

$$= \sum_{k=1}^{\infty} (n\mu) \, p_n^{(N)} = \mu \sum_{k=1}^{\infty} n p_n^{(N)} = \mu\nu$$

よりわかる. また, 分散は

$$\mathrm{Var}[X] = \mathbb{E}\left[(X - \nu\mu)^2 \right] = \mathbb{E}\left[(X - N\mu + N\mu - \nu\mu)^2 \right]$$

$$= \mathbb{E}\left[(X - N\mu)^2 \right] + \mathbb{E}\left[(N\mu - \nu\mu)^2 \right] + 2\mu \, \mathbb{E}[(X - N\mu)(N - \nu)]$$

において，この各項が次のようになることからわかる：

$$
\begin{aligned}
\mathbb{E}\big[\,(X-N\mu)^2\,\big] &= \sum_{n=0}^{\infty} \mathbb{E}\big[\,(X-N\mu)^2 \,\big|\, N=n\,\big]\, p_n^{(N)} \\
&= \sum_{n=0}^{\infty} \mathbb{E}\Bigg[\,\bigg(\sum_{k=1}^{N}\xi_k - N\mu\bigg)^2 \,\Bigg|\, N=n\,\Bigg]\, p_n^{(N)} \\
&= \sum_{n=0}^{\infty} \mathbb{E}\Bigg[\,\bigg(\sum_{k=1}^{n}\xi_k - n\mu\bigg)^2 \,\Bigg|\, N=n\,\Bigg]\, p_n^{(N)} \\
&= \sum_{n=0}^{\infty} \mathbb{E}\Bigg[\,\bigg(\sum_{k=1}^{n}\xi_k - n\mu\bigg)^2\,\Bigg]\, p_n^{(N)} \\
&= \sum_{n=0}^{\infty} \mathbb{E}\Bigg[\,\bigg(\sum_{k=1}^{n}(\xi_k - \mu)\bigg)^2\,\Bigg]\, p_n^{(N)} \\
&= \sum_{n=0}^{\infty} n\sigma^2 p_n^{(N)} = \sigma^2 \sum_{n=0}^{\infty} n p_n^{(N)} = \sigma^2\nu,
\end{aligned}
$$

$$
\mathbb{E}\big[\,(N\mu-\nu\mu)^2\,\big] = \mu^2\,\mathbb{E}\big[\,(N-\nu)^2\,\big] = \mu^2\tau^2,
$$

および

$$
\begin{aligned}
\mathbb{E}\big[\,(X-N\mu)(N-\nu)\,\big] &= \sum_{n=0}^{\infty} \mathbb{E}\big[\,(X-N\mu)(N-\nu)\,|\,N=n\,\big]\, p_n^{(N)} \\
&= \sum_{n=0}^{\infty} \mathbb{E}\big[\,(X-n\mu)(n-\nu)\,|\,N=n\,\big]\, p_n^{(N)} \\
&= \sum_{n=0}^{\infty} (n-\nu)\,\mathbb{E}\big[\,(X-n\mu)\,\big]\, p_n^{(N)} \\
&= \sum_{n=0}^{\infty} (n-\nu)\cdot 0 \cdot p_n^{(N)} = 0. \qquad\square
\end{aligned}
$$

　次に，連続確率変数の条件付き確率および条件付き期待値について考えよう.

連続確率変数の条件付き期待値

　X, Y を連続確率変数とし，同時確率密度関数を $f_{X,Y}(x,y)$，それぞれの周辺分布を $f_X(x)$, $f_Y(y)$ とする．このとき，$\{y\,|\,f_Y(y) \neq 0\}$ に対し

$$
f_{X|Y}(x|y) = \frac{f_{X,Y}(x,y)}{f_Y(y)} \tag{A.1.6}
$$

を Y に条件付けたときの X の **条件付き確率密度関数** (conditional probability density function) という.

　連続確率変数の場合には，条件付き確率 (の密度関数) をどうとるべきかが少しわかりにくかったのだが，それが (A.1.6) の $f_{X|Y}(x|y)$ により与えられるということである：

$$P\big(X \in (x, x+dx)\,|\,Y = y\big) = f_{X|Y}(x|y)\,dx,$$

あるいは

$$P\big(X = S_X\,|\,Y = y\big) = \int_{S_X} f_{X|Y}(x|y)\,dx, \quad S_X \subset \Omega_X.$$

こうして期待値 $\mathbb{E}\big[\,g(X,Y)\,\big]$ と条件付き期待値 $\mathbb{E}\big[\,g(X,Y)\,|\,Y\,\big]$ には，以下の想定されていた関係が成り立っている：

$$
\begin{aligned}
\mathbb{E}\big[\,g(X,Y)\,\big] &= \iint_{X \times Y} g(x,y)\,dF_{X,Y}(x,y) \\
&= \int_Y \left[\, \int_X g(x,y)\,\frac{dF_{X,Y}(x,y)}{dF_Y(y)} \,\right] dF_Y(y) \\
&= \int_Y \left[\, \int_X g(x,y)\,\frac{f_{X,Y}(x,y)\,dxdy}{f_Y(y)\,dy} \,\right] dF_Y(y) \\
&= \int_Y \left[\, \int_X g(x,y)\,f_{X|Y}(x|y)\,dx \,\right] f_Y(y)\,dy \\
&= \int_Y \mathbb{E}\big[\,g(X,Y)\,|\,Y\,\big]\,f_Y(y)\,dy.
\end{aligned}
$$

◎例 **A.5.**　確率変数 X, Y は同時確率密度関数

$$f_{XY}(x,y) = y^{-1} e^{-\frac{x}{y}-y}, \quad x, y > 0$$

をもつとする．これから Y の周辺分布 $f_Y(y)$ を計算すると

$$
\begin{aligned}
f_Y(y) &= \int_0^\infty f_{XY}(x,y)\,dx \\
&= e^{-y} \int_0^\infty y^{-1} e^{-\frac{x}{y}}\,dx = e^{-y}, \quad y > 0
\end{aligned}
$$

となるから，条件付き確率密度関数

$$f_{X|Y}(x|y) = \frac{f_{XY}(x,y)}{f_Y(y)} = y^{-1} e^{-\frac{x}{y}}, \quad x, y > 0$$

を得る．

□

A.2 ド・モアブル–ラプラスの定理の証明 ─────

式 $(1.12.3)$ **の証明** 以下では $1 - p = q$ と記す. まず $(1.12.3)$ の右辺を次のように変形する:

$$
{}_n\mathrm{C}_k\, p^k (1-p)^{n-k} = \frac{n!}{k!\,(n-k)!}\, p^k q^{n-k}
$$
$$
= \frac{n!}{n^n} \cdot \frac{k^k}{k!} \cdot \frac{(n-k)^{n-k}}{(n-k)!} \cdot \left(\frac{np}{k}\right)^k \left(\frac{nq}{n-k}\right)^{n-k}.
$$

この右辺で $n, k, n-k$ がいずれも大きいと考えてスターリング (Stirling) の公式 (以下を参照) を適用すると

$$
{}_n\mathrm{C}_k\, p^k (1-p)^{n-k} = \frac{\sqrt{2\pi n}}{e^n} \cdot \frac{e^k}{\sqrt{2\pi k}} \cdot \frac{e^{n-k}}{\sqrt{2\pi(n-k)}} \cdot \left(\frac{np}{k}\right)^k \left(\frac{nq}{n-k}\right)^{n-k}
$$
$$
= \sqrt{\frac{n}{2\pi k(n-k)}} \cdot \left(\frac{np}{k}\right)^k \left(\frac{nq}{n-k}\right)^{n-k}
$$

で, $x = k - np$ とおけば

$$
= \sqrt{\frac{n}{2\pi(np+x)(nq-x)}} \cdot \left(\frac{np}{np+x}\right)^{np+x} \left(\frac{nq}{nq-x}\right)^{nq-x}
\tag{A.2.1}
$$

と書ける. $(A.2.1)$ の右辺の前半の項については

$$
\frac{n}{2\pi(np+x)(nq-x)} = \frac{n}{2\pi\big(pqn^2 - (p-q)nx - x^2\big)} \simeq \frac{1}{2\pi pqn} \tag{A.2.2}
$$

であり, $(A.2.1)$ の後半の項については対数をとると

$$
(np+x)\log\left(\frac{np}{np+x}\right) + (nq-x)\log\left(\frac{nq}{nq-x}\right)
$$
$$
= (np+x)\log\left(\frac{1}{1+\frac{x}{np}}\right) + (nq-x)\log\left(\frac{1}{1-\frac{x}{nq}}\right)
$$
$$
= -(np+x)\log\left(1+\frac{x}{np}\right) - (nq-x)\log\left(1-\frac{x}{nq}\right)
$$

で, これにマクローリン (McLaurin) 展開 $\log(1+x) = x - \dfrac{x^2}{2} + \dfrac{x^3}{3} - \cdots$ を用いて

$$
= -(np+x)\left[\frac{x}{np} - \frac{1}{2}\left(\frac{x}{np}\right)^2 + \cdots\right]
$$

$$- (nq - x)\left[-\frac{x}{nq} - \frac{1}{2}\left(\frac{x}{nq}\right)^2 + \cdots \right]$$

$$= -\left(\frac{1}{p} + \frac{1}{q}\right)\frac{x^2}{2n} + \left(\frac{1}{p^2} - \frac{1}{q^2}\right)\frac{x^3}{6n^2} + \cdots$$

$$\simeq -\frac{x^2}{2pqn} \tag{A.2.3}$$

となる. (A.2.2), (A.2.3) を (A.2.1) に適用して (1.12.3) を得る.　　■

　証明中に出てきたスターリングの公式は, 階乗をべき乗の評価に直す有用な道具である.

スターリングの公式

　$n \to \infty$ のとき, 次が成り立つ:

$$n! \simeq \sqrt{2\pi n}\left(\frac{n}{e}\right)^n.$$

　実は, スターリングの公式には, 漸近評価[3]でなく各 n での評価のバージョンもあり, それは小さな n から大きな n まで良い近似を与えるという稀有な評価式であることが知られている. そのような評価として,

$$\sqrt{2\pi}\, n^{n+1/2} e^{-n} \leqq n! \leqq e\, n^{n+1/2} e^{-n}, \quad n = 1, 2, \ldots$$

がある. この両辺の定数は $\sqrt{2\pi} \fallingdotseq 2.5066, e \fallingdotseq 2.7183$ である.

---

3)　$n \to \infty$ での評価のこと.

参考文献

[1] Taylor, M.H., Karlin, S. *An Introduction to Stochastic Modeling.* 3rd ed. Academic Press, 1998.

[2] Billingsley, P. *Probability and Measure.* 3rd ed. Wiley-Interscience Publication, 1995.

[3] Durrett, R. *Probability Theory and Examples.* 5th ed. Cambridge University Press, 2019.

[4] Feller, W. *An Introduction to Probability Theory and Its Applications.* VOLUME II 2nd ed. John Wiley & Sons, 1996.

[5] Shiryaev, A.N. Probability, 2nd edition, Springer-Verlag, 1996.

[6] W. フェラー／河田龍夫 監訳, 確率論とその応用 I 下, 紀伊國屋書店, 1986

[7] 成田清正, 例題で学べる 確率モデル, 共立出版, 2010.

[8] Mitzenmacher, M., Upfal, E. ／小柴健史・河内亮周 共訳, 確率と計算—乱択アルゴリズムと確率的解析—, 共立出版, 2009.

[9] 西尾真喜子, 確率論, 実教出版, 1993.

[10] 小谷眞一, 測度と確率, 岩波書店, 2005.

[11] 尾畑伸明, 確率モデル要論, 牧野書店, 2012

[12] 池田信行・高橋陽一郎 共編, 確率論入門 I, II (確率論教程シリーズ), 2006, 2007

[13] 国沢清典編, 確率統計演習 1 確率, 培風館, 1966

[14] 国沢清典編, 確率統計演習 2 統計, 培風館, 1966

[15] 高松俊郎, 数理統計学入門, 学術図書出版, 1977

[16] 金川秀也・堀口正之・吉田 稔, 理工系学生のための 確率・統計講義, 培風館, 2014

[17] 長畑秀和, 多変量解析へのステップ, 共立出版, 2001

[18] 桶井良幸・桶井真美, 図解でわかる多変量解析, 日本実業出版, 2001

[19] 伊藤 清, 確率論 (岩波講座 基礎数学), 岩波書店, 1976

[20] 伊藤清三, ルベーグ積分入門 (数学選書 4), 裳華房, 1963

[21] 福島正俊, ディリクレ形式とマルコフ過程, 紀伊國屋書店, 1975

[22] 三宅敏恒, 入門 線形代数, 培風館, 1991

　以上，本書を執筆する際に参考にした書籍を洋書も含めて上記にあげたが，どれも定評のあるものばかりなので，興味のある文献があればぜひ積極的に手にとって，今後の学習に役立ててもらいたい．

　[9]，[19] は確率論の定番の教科書，特に [19] は近代確率論を測度論に基づいて構成した第一人者による書であり，初等確率論を学んだ後に理解すべき必読書である．[6] ([4] の翻訳) はずいぶん古い本ではあるが，この分野 (確率論) の研究者にとってバイブル的存在の本であり (実は I 巻 上，下；II 巻 上，下 の 4 巻構成であり，かなり大部である)，いつ読んでも，そのたびに興味深い例題をそこに見いだす．アメリカにおける出版物らしく，良い意味で権威的でない点も優れている．[13]，[14] は，我が国において特に定評のある演習書．アクチュアリー試験に臨む読者にとっては必携である．[16] は本書の執筆者がまとめた理工系向けの教科書であるので，本書の内容から一歩踏み込んでより深く数学的な内容を学びたい場合には有用であろう．なお，本書では，多変量解析について入門的な記述にとどめたが，本格的に学びたい場合には [17] をお勧めしたい．また，[18] により Microsoft Excel などの統計 (表計算) ソフトの実際的活用法を知ることができる．さらに，統計データ解析には線形代数の概念が多用されるが，[22] はコンパクトななかに線形代数のエッセンスがまとめられた好著であり，復習に役に立つ．

　最後に，下記は著者らによる代表的な論文の一部である．「まえがき」で漠然と記した，確率論と自己共役作用素，位相や場の生成，無限次元などに関する話題が考察されている．かなり専門的ではあるが，本書で取り上げた内容の延長線上にこれらの論文の内容は位置するものであることからここに掲載しておく．

- Yoshida, Minoru W. Construction of infinite-dimensional interacting diffusion processes through Dirichlet forms. Probab. Theory Related Fields 106 (1996), no.2, 265–297.
- Albeverio, Sergio; Kagawa, Toshinao; Yahagi, Yumi; Yoshida, Minoru W. Non-local Markovian symmetric forms on infinite dimensional spaces I. The closability and quasi-regularity. Comm. Math. Phys. 388 (2021), no.2, 659–706.

演習問題の略解

1. (1) 2^n, 10^n　　(2) ${}_n\mathrm{C}_k \cdot {}_9\mathrm{P}_{n-k}$　　(3) ${}_n\mathrm{C}_k \cdot \dfrac{{}_{9r}\mathrm{P}_{n-k}}{(r!)^{n-k}}$

2. 不良品が 0, 1, 2, 3 個である確率はそれぞれ

$$\frac{{}_{27}\mathrm{C}_3 \cdot {}_3\mathrm{C}_0}{{}_{30}\mathrm{C}_3} = \frac{585}{812}, \quad \frac{{}_{27}\mathrm{C}_2 \cdot {}_3\mathrm{C}_1}{{}_{30}\mathrm{C}_3} = \frac{1053}{4060}, \quad \frac{{}_{27}\mathrm{C}_1 \cdot {}_3\mathrm{C}_2}{{}_{30}\mathrm{C}_3} = \frac{81}{4060}, \quad \frac{{}_{27}\mathrm{C}_0 \cdot {}_3\mathrm{C}_3}{{}_{30}\mathrm{C}_3} = \frac{1}{4060}.$$

3. $t = n$ で位置 $(n - 2k)$ にいるのは $+1$ が $(n - k)$ 回, -1 が k 回起こったときである. そのような移動の起こる確率は $+1$, -1 の n 個の並び方のパターンによらず同じで, どのパターンも $\left(\dfrac{1}{2}\right)^{n-k} \left(\dfrac{1}{2}\right)^k = \left(\dfrac{1}{2}\right)^n$ の確率である. $+1$, -1 の n 個の並び方パターンは ${}_n\mathrm{C}_k$ 通りあるから, 題意の確率となる.

4. n 回試行を行う際に k 回目が成功である事象を $A_{n,k}$ とおくと, ド・モルガンの法則より

$$P\left(\bigcup_{k=1}^{n} A_{n,k}\right) = 1 - P\left(\bigcap_{k=1}^{n} A_{n,k}^c\right) = 1 - \left(1 - \frac{1}{a_n}\right)^n$$

$$= 1 - \left\{\left(1 - \frac{1}{a_n}\right)^{a_n}\right\}^{n/a_n} \longrightarrow 1 - e^{-r}.$$

5. $\mathbb{E}[X] = \displaystyle\sum_{l=0}^{\infty} l\, p_l = \sum_{l=1}^{\infty} l\, p_l$

$$= \sum_{l=1}^{\infty} \sum_{k=1}^{\infty} \mathbb{I}(k \leqq l)\, p_l = \sum_{k=1}^{\infty} \sum_{l=1}^{\infty} \mathbb{I}(k \leqq l)\, p_l = \sum_{k=1}^{\infty} P(X \leqq k)$$

よりわかる. 定義関数のこのような使い方に慣れていない読者は,

$$\sum_{l=1}^{\infty} l\, p_l = (p_1 + p_2 + p_3 + \cdots) + (p_2 + p_3 + \cdots) + (p_3 + p_4 + \cdots) + \cdots$$

と考えてみるとよい. 非負実数値の確率変数の場合は, わかりやすさのため, 確率密度関数 $f(x)$ をもつとして示す:

$$\mathbb{E}[X] = \int_0^{\infty} P(X > u)\, du = \int_0^{\infty} \int_u^{\infty} f(x)\, dxdu$$

$$= \int_0^{\infty} \int_0^{\infty} f(x)\, \mathbb{I}(x > u)\, dxdu = \int_0^{\infty} f(x) \int_0^{\infty} \mathbb{I}(x > u)\, dudx$$

$$= \int_0^\infty x f(x)\, dx = \mathbb{E}[X].$$

6. 部分積分法により

$$\mathbb{E}\big[X^{2k}\big] = \int_{\mathbb{R}} x^{2k} \frac{1}{\sqrt{2\pi}}\, e^{-\frac{x^2}{2}}\, dx = (2k-1) \int_{\mathbb{R}} x^{2k-2} \frac{1}{\sqrt{2\pi}}\, e^{-\frac{x^2}{2}}\, dx,$$

これを再帰的に繰り返すと

$$= (2k-1) \times (2k-3) \int_{\mathbb{R}} x^{2k-4} \frac{1}{\sqrt{2\pi}}\, e^{-\frac{x^2}{2}}\, dx$$
$$= \cdots$$
$$= (2k-1) \times (2k-3) \times \cdots \times 3 \times 1.$$

7. 1 箱中に平均 1 個の不良品が含まれているから，不良品の数は $\lambda = 1$ のポアソン分布に従うと考えられる．1 箱中の不良品の数を X とすると

$$P(X \geqq 3) = 1 - P(X \leqq 2) = 1 - \sum_{k=0}^{2} \frac{\lambda^k}{k!}\, e^{-\lambda} = 1 - \frac{5}{2}\, e^{-1} \fallingdotseq 0.0803\,.$$

8.「表」の出る回数を n_+，「裏」の出る回数を n_- とおくと，

$$\{X_n = k\} = \{n_+ - n_- = k\} = \{n_+ - (n - n_+) = k\} = \left\{ n_+ = \frac{n+k}{2} \right\}$$

であるから

$$P(X_n = k) = P\left(n_+ = \frac{n+k}{2}\right) = {}_n\mathrm{C}_{\frac{n+k}{2}} \left(\frac{1}{2}\right)^{\frac{n+k}{2}} \left(\frac{1}{2}\right)^{n - \frac{n+k}{2}} = {}_n\mathrm{C}_{\frac{n+k}{2}}\, 2^{-n}$$

となる．ただし，$k = -n, -(n-2), -(n-4), \ldots, (n-2), n$.

9. まず，分布は次のようになる：

$$P(X = k \,|\, N = n) = {}_n\mathrm{C}_k\, p^k (1-p)^{n-k}, \quad k = 0, 1, \ldots, n,$$

$$P(N = n) = \frac{\lambda^n e^{-\lambda}}{n!}, \quad n = 0, 1, \ldots$$

であるから

$$P(X = k) = \sum_{n=0}^{\infty} P(X = k \,|\, N = n) \cdot P(N = n)$$
$$= \sum_{n=k}^{\infty} \frac{n!}{k!(n-k)!} p^k (1-p)^{n-k} \cdot \frac{\lambda^n e^{-\lambda}}{n!}$$
$$= \frac{\lambda^k e^{-\lambda} p^k}{k!} \sum_{n=k}^{\infty} \frac{[\lambda(1-p)]^{n-k}}{(n-k)!}$$
$$= \frac{(\lambda p)^k e^{-\lambda}}{k!} \sum_{n=0}^{\infty} \frac{[\lambda(1-p)]^n}{n!}$$
$$= \frac{(\lambda p)^k e^{-\lambda}}{k!} \cdot e^{\lambda(1-p)} = \frac{(\lambda p)^k e^{-\lambda p}}{k!}, \quad k = 0, 1, \ldots.$$

したがって，$X \sim \mathrm{Pois}(\lambda p)$ であるから，期待値は $\mathbb{E}[X] = \lambda p$ である．

10. 省略.

11. $\mathbb{E}[X_i] \equiv 1/2$, $\mathrm{Var}[X_i] \equiv 1/4$ であるから, n 回の試行のうちの「表」の回数 $S_n = X_1 + \cdots + X_n$ について

$$\mathbb{E}[S_n] = n/2, \quad \mathrm{Var}[S_n] = n/4.$$

よって, 中心極限定理より

$$\frac{S_n - \frac{n}{2}}{\sqrt{n/4}} \implies N(0, 1)$$

である ($\implies$ は分布の収束を表す). 正規分布表で $P\big(|N(0,1)| \geqq 1.96\big) \fallingdotseq 0.95$ であるから,

$$0.95 \fallingdotseq P\left(\left| \frac{S_n - \frac{n}{2}}{\sqrt{n/4}} \right| \in [-1.96, 1.96] \right) = P\left(S_n \in \left[\frac{n}{2} - \sqrt{n},\ \frac{n}{2} + \sqrt{n} \right] \right)$$

より, 「表」の回数 $S_n \in [4900, 5100]$ をとる確率が 95 % となる.

12. **問題 5.** により,

$$\mathbb{E}\big[\min(X_1, \ldots, X_m) \big] = \sum_{k=1}^{\infty} P\big(\min(X_1, \ldots, X_m) \geqq k \big).$$

ここで,

$$\big\{ \min(X_1, \ldots, X_m) \geqq k \big\} = \big\{ X_1 \geqq k, \ldots, X_m \geqq k \big\}$$

だから

$$P\big(\min(X_1, \ldots, X_m) \geqq k \big) = \big\{ P\big(X_1 \geqq k \big) \big\}^m = r_k^m$$

である.

13. (i) X の確率分布関数を $F(x)$ とすると,

$$P(X^3 \leqq x) = P\big(X \leqq x^{1/3} \big) = F\big(x^{1/3} \big) = \int_0^{x^{1/3}} f(u)\, du$$

において $u^3 = v$ と置換すれば $3u^2\, du = dv$ だから

$$= \int_0^x f\big(v^{1/3} \big) \frac{1}{3} v^{-2/3}\, dv,$$

つまり, X^3 の確率密度関数は $\frac{1}{3} x^{-2/3} f\big(x^{1/3} \big)$ である.

(ii) 同様に,

$$P(2X + 3 \leqq x) = P\Big(X \leqq \frac{x - 3}{2} \Big) = F\Big(\frac{x - 3}{2} \Big) = \int_0^{(x-3)/2} f(u)\, du$$

において $2u + 3 = v$ と置換すれば $2\, du = dv$ だから

$$= \int_0^x f\Big(\frac{v - 3}{2} \Big) \frac{1}{2}\, dv,$$

つまり, $2X + 3$ の確率密度関数は $\frac{1}{2} f\big(\frac{x-3}{2} \big)$ である.

(iii) $X - Y$ の値域は $\mathbb{R}$ であることに注意して,

$$P(X - Y \leqq x) = \int_{-\infty}^{x} \frac{P(X - Y \leqq u)}{du} \, du = \int_{-\infty}^{x} P\big(X - Y \in [u, u + du)\big) \, du$$

$$= \int_{-\infty}^{x} f(u + \cdot) * f(\cdot) \, du,$$

つまり, $X - Y$ の確率密度関数は $g(x) = f(x + \cdot) * f(\cdot)$ $(x \in \mathbb{R})$ である.

(iv) $|X - Y|$ の値域は $[0, \infty)$ であることに注意して,

$$P(\,|X - Y| \leqq x) = \int_{0}^{x} \frac{P(\,|X - Y| \leqq u)}{du} \, du = \int_{-\infty}^{x} P\big(\,|X - Y| \in [u, u + du)\big) \, du$$

$$= \int_{0}^{x} \big\{ P\big(X - Y \in [u, u + du)\big) + P\big(-(X - Y) \in [u, u + du)\big) \big\} \, du$$

$$= \int_{0}^{x} \big\{ P\big(X - Y \in [u, u + du)\big) + P\big(Y - X \in [u, u + du)\big) \big\} \, du.$$

X, Y は独立同分布であるから $P\big(X - Y \in [u, u + du)\big) = P\big(Y - X \in [u, u + du)\big)$ となり

$$P(\,|X - Y| \leqq x) = \int_{0}^{x} 2P\big(X - Y \in [u, u + du)\big) \, du = \int_{0}^{x} 2f(u + \cdot) * f(\cdot) \, du,$$

つまり, $X - Y$ の確率密度関数は $2g(x) = 2f(x + \cdot) * f(\cdot)$ $(x \in [0, \infty))$ である.

14. (i) $\{X < a\} \Longrightarrow \bigcup_{n=1}^{\infty} \{X \leqq a - \varepsilon_n\}$ は当然成り立つ. ω ごとに ε_n が十分小さくなれば, 差 $a - X > 0$ に対し $a - X \geqq \varepsilon_n$ となる. つまり, いつか $X \leqq a - \varepsilon_n$ となる. 逆に $\Longleftarrow$ は, ド・モルガンの法則から

$$\bigcup_{n=1}^{\infty} \{X \leqq a - \varepsilon_n\} = \left(\bigcap_{n=1}^{\infty} \{X > a - \varepsilon_n\} \right)^c$$

であるが, これは「n にわたり常に $\{X > a - \varepsilon_n\}$ が成り立ち続ける」ということがないという事象なので, いつか $X \leqq a - \varepsilon_n$ となる. つまりいつか $a - X \geqq \varepsilon_n > 0$ となって, $X < a$ であったことがわかる.

(ii) $\{X \leqq a\} \Longrightarrow \bigcap_{n=1}^{\infty} \{X < a + \varepsilon_n\}$ は当然成り立つ. 逆に $\Longleftarrow$ は, ド・モルガンの法則から

$$\bigcap_{n=1}^{\infty} \{X < a + \varepsilon_n\} = \left(\bigcup_{n=1}^{\infty} \{X \geqq a + \varepsilon_n\} \right)^c$$

であるが, これは「いつか $\{X \geqq a + \varepsilon_n\}$ となる」ことがないという事象なので, X は a を超えることのないことがわかる. つまり, $X \leqq a$.

15. 平均値 $\lambda = 1$ の独立同分布な $X_i \sim \mathrm{Pois}(1)$ に対し $S_n = X_1 + \cdots + X_n$ をとると, ポアソン分布の再生性から $S_n \sim \mathrm{Pois}(n)$ で,

$$P\big(S_n \leqq n\big) = \sum_{k=0}^{n} \frac{n^k}{k!} \, e^{-n}.$$

一方，S_n に関する中心極限定理から

$$P\Big(\frac{S_n - n}{\sqrt{n}} \le 0\Big) = P\big(S_n \le n\big) = \frac{1}{2}.$$

この 2 式を等置すれば題意を得る．

16. $\mathrm{Var}[Y]$ を

$$\begin{aligned}
\mathrm{Var}[Y] &= \mathbb{E}\big[\,\big(Y - \mathbb{E}[Y]\big)^2\big] = \mathbb{E}\Big[\,\big(Y - \mathbb{E}[Y|X] + \mathbb{E}[Y|X] - \mathbb{E}[Y]\big)^2\,\Big]\\
&= \mathbb{E}\big[\,\big(Y - \mathbb{E}[Y|X]\big)^2\big] + \mathbb{E}\Big[\,\big(\mathbb{E}[Y|X] - \mathbb{E}[Y]\big)^2\,\Big]\\
&\qquad + 2\,\mathbb{E}\Big[\,\big(Y - \mathbb{E}[Y|X]\big)\big(\mathbb{E}[Y|X] - \mathbb{E}[Y]\big)\,\Big]
\end{aligned}$$

のように分けると，この右辺第 2 項は $\mathbb{E}[Y] = \mathbb{E}\big[\mathbb{E}[Y|X]\big]$ により

$$\mathbb{E}\Big[\,\big(\mathbb{E}[Y|X] - \mathbb{E}[Y]\big)^2\,\Big] = \mathbb{E}\Big[\,\big(\mathbb{E}[Y|X] - \mathbb{E}\big[\mathbb{E}[Y|X]\big]\big)^2\,\Big] = \mathrm{Var}\big[\mathbb{E}[Y|X]\big]$$

となる．右辺の第 1 項は

$$\mathbb{E}\Big[\,\big(Y - \mathbb{E}[Y|X]\big)^2\,\Big] = \mathbb{E}\Big[\,\mathbb{E}\big[\,\big(Y - \mathbb{E}[Y|X]\big)^2 \,\big|\, X\,\big]\,\Big] = \mathbb{E}\big[\,\mathrm{Var}[Y|X]\,\big].$$

右辺の第 3 項は 0 となる：

$$\begin{aligned}
\mathbb{E}\Big[\,\big(Y - \mathbb{E}[Y|X]\big)\big(\mathbb{E}[Y|X] - \mathbb{E}[Y]\big)\,\Big] &= \mathbb{E}\Big[\,\big(Y - \mathbb{E}[Y|X]\big)\mathbb{E}[Y|X]\,\Big]\\
= \mathbb{E}\Big[\,\mathbb{E}\big[\,\big(Y - \mathbb{E}[Y|X]\big)\mathbb{E}[Y|X]\,\big|\,X\,\big]\,\Big] &= \mathbb{E}\Big[\,\mathbb{E}[Y|X]\cdot\mathbb{E}\big[\,\big(Y - \mathbb{E}[Y|X]\big)\,\big|\,X\,\big]\,\Big]\\
= \mathbb{E}\big[\,\mathbb{E}[Y|X]\cdot 0\,\big] &= 0.
\end{aligned}$$

17. 前半：

$$\begin{aligned}
\mathbb{E}[(X - a)^2] &= \mathbb{E}[(x - \mu + \mu - a)^2]\\
&= \mathbb{E}[(x - \mu)^2] + \mathbb{E}[(\mu - a)^2] + 2\,\mathbb{E}[(X - \mu)(\mu - a)]\\
&= \mathrm{Var}[X] + \mathbb{E}[(\mu - a)^2]
\end{aligned}$$

により，左辺が最小となるのは右辺の第 2 項が $a = \mu$ で 0 となるときである．

後半：

$$\begin{aligned}
\mathbb{E}[\,|x - a|\,] &= \mathbb{E}\big[\,(x - a)\,\mathbb{I}(X > a) + (a - x)\,\mathbb{I}(X \le a)\,\big]\\
&= \int_a^\infty (x - a)\,dF(x) + \int_{-\infty}^a (a - x)\,dF(x) = g(a)
\end{aligned}$$

である．$g'(a)$ をとると

$$g'(a) = 2\int_{-\infty}^a dF(x) - 1 = 2\Big(\int_{-\infty}^a dF(x) - \frac{1}{2}\Big)$$

および

$$= 2\Big(\frac{1}{2} - \int_a^\infty dF(x)\Big)$$

となり，$a = m_e$ のときに右辺 $= 0$ で $g(a)$ が最大となることがわかる．

離散確率変数の場合も同様にして示せる.

18. $\mathrm{Cov}[X,Y] = \mathbb{E}[XY] - \mu_X \mu_Y$ については省略. $\mathbb{E}[X_1] = \mu$ とすると

$$\mathrm{Var}\left[\sum_{i=1}^n X_i\right] = \mathbb{E}\left[\left\{\sum_{i=1}^n (X_i - \mu)\right\}^2\right] = \mathbb{E}\left[\sum_{i=1}^n \sum_{j=1}^n (X_i - \mu)(X_j - \mu)\right]$$

$$= \sum_{i=1}^n \sum_{j=1}^n \mathbb{E}\left[(X_i - \mu)(X_j - \mu)\right] = \sum_{i=1}^n \sum_{j=1}^n \mathrm{Cov}\left[X_i, X_j\right],$$

$i = j$ の番号と $i \neq j$ の番号で分け, また $\mathrm{Cov}\left[X_i, X_j\right] = \mathrm{Cov}\left[X_j, X_i\right]$ に注意すると

$$= \sum_{i=1}^n \mathrm{Var}\left[X_i\right] + 2 \sum_{i=1}^{n-1} \sum_{j=i+1}^n \mathrm{Cov}\left[X_i, X_j\right]$$

$$= \sum_{i=1}^n \mathrm{Var}\left[X_i\right] + 2 \sum\sum_{1 \leq i < j \leq n} \mathrm{Cov}\left[X_i, X_j\right].$$

また, 弱定常列の場合は, 右辺第 2 項の和が

$$\sum\sum_{1 \leq i < j \leq n} \mathrm{Cov}\left[X_i, X_j\right] = \sum_{k=1}^n (n-k)\,\mathrm{Cov}\left[X_{k+1}, X_1\right]$$

となる.

19.　　$\mathbb{E}\left[X + Y \mid X + Y\right] = X + Y = \mathbb{E}\left[X \mid X + Y\right] + \mathbb{E}\left[Y \mid X + Y\right]$

において右辺の 2 項が等しいことを示せばよい. $X + Y$ の値を z, X のとる値を $\{x_k\}$ とすると

$$\mathbb{E}\left[X \mid X + Y\right] = \sum_k x_k \cdot \frac{P(X = x_k, X + Y = z)}{P(X + Y = z)}$$

であるが, ここで

$$P(X = x_k, X + Y = z) = P(X = x_k, Y = z - x_k)$$

$$= P(X = x_k)P(Y = z - x_k),$$

X, Y は同分布だから

$$= P(Y = x_k)P(X = z - x_k)$$

$$= P(Y = x_k, X + Y = z).$$

よって,

$$\mathbb{E}\left[X \mid X + Y\right] = \sum_k x_k \cdot \frac{P(Y = x_k, X + Y = z)}{P(X + Y = z)} = \mathbb{E}\left[Y \mid X + Y\right].$$

20.　$\mathbb{E}\left[S_n \mid S_n, S_{n+1}, \dots\right]$

$$= S_n = \mathbb{E}\left[X_1 \mid S_n, S_{n+1}, \dots\right] + \cdots + \mathbb{E}\left[X_n \mid S_n, S_{n+1}, \dots\right]$$

において右辺の n 項が等しいことを示せばよい. 以下に, 右辺の最初の 2 項が等しいことを示す. 他の項どうしについても同様である. $\mathbb{E}\left[X_1 \mid S_n, S_{n+1}, \cdots\right]$ は

$$\mathbb{E}\left[X_1 \mid S_n, S_{n+1}, \dots\right] = \sum_k x_k \cdot \frac{P(X_1 = x_k, S_n = y_n, S_{n+1} = y_{n+1}, \dots)}{P(S_n = y_n, S_{n+1} = y_{n+1}, \dots)}$$

のように書け，このなかの $P(X_1 = x_k, S_n = y_n, S_{n+1} = y_{n+1}, \dots)$ は

$$P(X_1 = x_k, S_n = y_n, S_{n+1} = y_{n+1}, \dots)$$
$$= P(X_1 = x_k, S_n - X_1 = y_n - x_1, S_{n+1} - X_1 = y_{n+1} - x_1, \dots)$$
$$= P(X_1 = x_k)P(S_n - X_1 = y_n - x_1, S_{n+1} - X_1 = y_{n+1} - x_1, \dots),$$

$\{X_1, X_2, \dots\}$ は独立同分布だから

$$= P(X_2 = x_k)P(S_n - X_2 = y_n - x_1, S_{n+1} - X_2 = y_{n+1} - x_1, \dots)$$
$$= P(X_2 = x_k, S_n = y_n, S_{n+1} = y_{n+1}, \dots).$$

よって，

$$\mathbb{E}\left[X_1 \,\middle|\, S_n, S_{n+1}, \dots \right] = \sum_k x_k \cdot \frac{P(X_2 = x_k, S_n = y_n, S_{n+1} = y_{n+1}, \dots)}{P(S_n = y_n, S_{n+1} = y_{n+1}, \dots)}$$
$$= \mathbb{E}\left[X_2 \,\middle|\, S_n, S_{n+1}, \dots \right].$$

第 2 章

1. モードが 8 であるから $x = 8$. また，

$$7 + 4 + y + 8 + 5 + 6 + 8 + 8 + 7 = y + 53 = 9 \times 7$$

より $y = 10$. データの値を大きさの順に並べると $4, 5, 6, 7, 7, 8, 8, 8, 10$ となるから，中央値は $x_{(5)} = 7$.

2. 平均値 3.6，中央値は $x_{(10)} = 3$, $x_{(11)} = 3$ より $\frac{3+3}{2} = 3$, モード 1，標本分散 5.84，標本標準偏差 2.4166.

表 B.1 問題 2 の度数分布表

x_i	度数
1	5
2	3
3	3
4	3
5	3
8	2
9	1
計	20

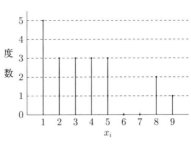

図 B.1 問題 2 のヒストグラム (離散変量)

3. 平均値 3，$x_{(15)} = 3$, $x_{(16)} = 3$ より中央値は 3，モードは 1 と 2，標本分散は 4，標本標準偏差は 2，範囲は $8 - 0 = 8$，平均偏差は $\frac{48}{30} = 1.6$，四分位偏差は

$Q_1 = x_{(8)} = 1$, $Q_3 = x_{(23)} = 4$ より $\dfrac{4-1}{2} = \dfrac{3}{2} = 1.5$.

表 B.2　問題 3 の度数分布表

x_i	度数
0	2
1	6
2	6
3	5
4	5
5	2
6	2
7	1
8	1
計	30

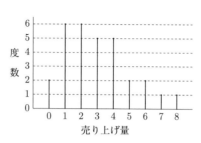

図 B.2　問題 3 のヒストグラム (離散変量)

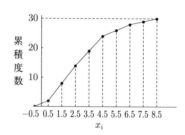

図 B.3　問題 3 の累積度数分布図

4. 平均値 52.25, 分散 23.2875, 標準偏差 4.8257, 変動係数 0.0924.

表 B.3　問題 4 の度数分布表

階　級	階級値	度数
39.5–42.5	41	1
42.5–45.5	44	1
45.5–48.5	47	2
48.5–51.5	50	4
51.5–54.5	53	5
54.5–57.5	56	4
57.5–60.5	59	3
計		20

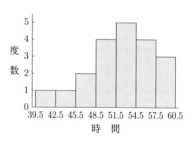

図 B.4　問題 4 のヒストグラム

5. 左辺 $= \displaystyle\sum_{i=1}^{n} x_i - n\overline{x} = n\overline{x} - n\overline{x} = 0.$

6. 省略.

第 3 章

1. 平均の差異の両側検定 1 (p.87) を用いる.

$$n = 6 \quad \cdots\cdots ①$$

であり,

$$\overline{x} = \frac{1}{6}(20.0 + 22.0 + 23.5 + 19.5 + 21.0 + 23.0) = 21.5, \quad \cdots\cdots ②$$

$$\sigma_0^2 = 0.7 \quad (\sigma_0 \fallingdotseq 0.837)$$

が知られているから, ①, ② より $\mu_0 = 20.0$ として

$$\frac{|\overline{x} - \mu_0|}{\sigma/\sqrt{n}} = \frac{|21.5 - 20.0|}{0.837/\sqrt{5}} \fallingdotseq 4.39. \quad \cdots\cdots ③$$

(3.3.2), (3.3.3) により, ③ から, $4.39 > 1.96$, $4.39 > 2.58$ であるから, 仮説 $\mu = \mu_0$ (= 20.0) は有意水準 $\alpha = 0.01\,(1\%)$ で (したがって, もちろん $\alpha = 0.05\,(5\%)$ で) 棄却される. すなわち, $\mu = \mu_0$ が正しいとはいいきれない ($\mu \neq \mu_0$ と考えられる).

2. 平均の差異の両側検定 2 (p.92) を用いる. ② により, $\overline{x} = 21.5$ であり,

$$u^2 = \frac{1}{5}\{(20.0 - 21.5)^2 + \cdots + (23.0 - 21.5)^2\} \fallingdotseq 2.60. \quad \cdots\cdots ④$$

よって,

$$u = \sqrt{2.60} \fallingdotseq 1.61. \quad \cdots\cdots ⑤$$

$\mu_0 = 20.0$ として, ②, ⑤ により,

$$\frac{|\overline{x} - \mu_0|}{u/\sqrt{n}} = \frac{|21.5 - 20.0|}{1.61/\sqrt{6}} \fallingdotseq 2.28. \quad \cdots\cdots ⑥$$

有意水準 $\alpha = 0.05\,(5\%)$ としてみると,

$$t_{n-1}(\alpha/2) = t_{6-1}(0.025) = t_5(0.025) = 2.5706.$$

⑥ により, $2.28 < 2.5706 = t_5(0.025)$ であるから, (3.1.13) と比較し, 仮説 $\mu = \mu_0$ (= 20.0) は棄却されない. すなわち, $\mu = \mu_0$ は誤りとはいいきれない.

3. 平均の差異の両側検定 3 (p.95) を用いる.

A 生産地のデータは問題 1. のデータと同じであるから, これに添字 1 を付けて表すこととし, ②, ④ により,

$$\overline{x}_1 = 21.5, \quad s_1^2 = 2.17$$

となる. B 生産地におけるデータも ②, ④ と同様にして扱い, これに対し,

$$\overline{x}_2 = 20.0, \quad s_2^2 \fallingdotseq 1.08. \quad \cdots\cdots ⑦$$

したがって, (3.3.16) により,

$$w = \sqrt{\frac{ns_1^2 + ms_2^2}{n + m - 2}} = \sqrt{\frac{6 \times 2.17 + 6 \times 1.08}{6 + 6 - 2}} \fallingdotseq 1.4. \quad \cdots\cdots ⑧$$

有意水準 $\alpha = 0.01$ (1 %) としてみると,

$$t_{n+m-2}(\alpha/2) = t_{6+6-2}(0.005) = t_{10}(0.005) = 3.1693 .$$

また, ②, ⑦, ⑧ により,

$$\frac{|\overline{x}_1 - \overline{x}_2|}{w \times \sqrt{\frac{1}{n} + \frac{1}{m}}} = \frac{|21.5 - 20.0|}{1.4 \times \sqrt{\frac{1}{6} + \frac{1}{6}}} \fallingdotseq 1.86$$

であり, $1.86 < 3.1693 = t_{10}(0.005)$ であるから, (3.3.17) により, 仮説 $\mu_1 = \mu_2$ (A 生産地と B 生産地に差はない) は棄却されない. すなわち, $\mu_1 = \mu_2$ は誤りとはいいきれない.

一方, 有意水準 $\alpha = 0.1$ (10 %) としてみると,

$$t_{n+m-2}(\alpha/2) = t_{6+6-2}(0.05) = t_{10}(0.05) = 1.8125$$

であり, $1.86 > 1.8125 = t_{10}(0.05)$ であるから, 仮説 $\mu_1 = \mu_2$ は棄却される. すなわち, 有意水準 10 % では, $\mu_1 = \mu_2$ は正しいとはいいきれない.

4. データ数 $n = 9$ であり,

$$\overline{x} = 137.1/9 \fallingdotseq 15.23, \quad s_x^2 = 2.8601/9 \fallingdotseq 0.318, \quad s \fallingdotseq 0.564 .$$

これらを用いて, (3.3.13) の左辺を計算すると,

$$\frac{|15.23 - 19.07|}{0.564/\sqrt{8}} \fallingdotseq 19.26$$

である. μ により, 2012 年から 2020 年における神奈川県でのお米の**生産力**を表すこととする. 有意水準 $\alpha = 0.05$ として, 帰無仮説 $H_0 : \mu = \mu_0 = 19.07$ を検定するためには, 付表の t 分布表から, 自由度 $n - 1 = 8$ として, $t_8(0.025) = 2.306$ を読み取り, 上で求めた値と比較すればよい (式 (3.3.13) 参照). $19.26 > 2.306$ であるから, 帰無仮説 H_0 は棄却され, したがって, 2012 年から 2020 年の期間と, 1972 年から 2011 年までの期間で, 神奈川県のお米の**生産力**には有意な差があるといえる.

第 4 章

1. 与えられたデータから, それぞれの変数 x, z に関する分散と共分散を求めると,

$$s_x^2 \fallingdotseq (0.44)^2, \qquad s_z^2 \fallingdotseq (4.98)^2, \qquad s_{xz} \fallingdotseq 1.42$$

であり, よって (単) 回帰係数は,

$$\frac{s_{xz}}{s_x^2} \fallingdotseq 7.32$$

となり, 式 (4.4.1) により単回帰直線は次で与えられる:

$$z = 7.32 \times (x - 3.64) + 70.2 .$$

ただしここで, データより得られる標本平均 $\overline{x} \fallingdotseq 3.64$ および $\overline{z} \fallingdotseq 70.2$ を用いた.

2. 問題 1. と同様に，データより次が得られる：

$$s_y^2 \fallingdotseq (0.37)^2, \qquad s_{yz} \fallingdotseq 0.64, \qquad \overline{y} \fallingdotseq 3.68.$$

以下，問題 1. と同様であるから省略.

3. 上記問題 1., 2. で求めた標本平均，(標本) 分散，共分散の値を用いて，式 (4.4.4) と (4.4.5) を求めればよい.

第 5 章

1. (1) 省略.

(2) 最大固有値 4 に対する固有ベクトルは $\boldsymbol{a}_1$ であるから，データのベクトル $\boldsymbol{a}_1 = \begin{pmatrix} x \\ y \\ z \\ u \end{pmatrix}$ と $\boldsymbol{a}_1$ との内積が第 1 主成分となる.

(3) 上の (2) の $\boldsymbol{a}_1$ を $\boldsymbol{a}_2$ とすることで第 2 主成分が得られるので，

$$p_2 = \frac{1}{2}x + \frac{1}{2}y - \frac{1}{2}z - \frac{1}{2}u$$

が，第 2 主成分である.

(4) 上記 (2), (3) の式を用いて，A 店の第 1 主成分得点は

$$p_{1A} = \frac{1}{2}(4 + 4 + 3 + 3) = \frac{14}{2},$$

第 2 主成分得点は

$$p_{2A} = \frac{1}{2}(4 + 4 - 3 - 3) = 1$$

であり，一方，B 店の第 1 主成分得点は

$$p_{1B} = \frac{1}{2}(2 + 3 + 4 + 4) = \frac{13}{2},$$

第 2 主成分得点は

$$p_{2B} = \frac{1}{2}(2 + 3 - 4 - 4) = -\frac{3}{2}.$$

第 1 主成分はお店の総合評価を表し，第 2 主成分は，負の値が大きいほど軽食に向いたお店であることを表しているといってもよさそうである.

(5) p.133「主成分分析で用いる線形代数の基本事項」の記述と，式 (5.1.21) により，

$$\text{第 2 主成分までの寄与率} = \frac{4}{4+3+2+2} + \frac{3}{4+3+2+2} = \frac{7}{11}$$

であり，約 64 % である.

2. 省略.

付表 1-1　標準正規分布表

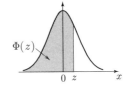

$\Phi(z)$

z	.00	.01	.02	.03	.04	.05	.06	.07	.08	.09
.0	.5000	.5040	.5080	.5120	.5160	.5199	.5239	.5279	.5319	.5359
.1	.5398	.5438	.5478	.5517	.5557	.5596	.5636	.5675	.5714	.5753
.2	.5793	.5832	.5871	.5910	.5948	.5987	.6026	.6064	.6103	.6141
.3	.6179	.6217	.6255	.6293	.6331	.6368	.6406	.6443	.6480	.6517
.4	.6554	.6591	.6628	.6664	.6700	.6736	.6772	.6808	.6844	.6879
.5	.6915	.6950	.6985	.7019	.7054	.7088	.7123	.7157	.7190	.7224
.6	.7257	.7291	.7324	.7357	.7389	.7422	.7454	.7486	.7517	.7549
.7	.7580	.7611	.7642	.7673	.7703	.7734	.7764	.7794	.7823	.7852
.8	.7881	.7910	.7939	.7967	.7995	.8023	.8051	.8078	.8106	.8133
.9	.8159	.8186	.8212	.8238	.8264	.8289	.8315	.8340	.8365	.8389
1.0	.8413	.8438	.8461	.8485	.8508	.8531	.8554	.8577	.8599	.8621
1.1	.8643	.8665	.8686	.8708	.8729	.8749	.8770	.8790	.8810	.8830
1.2	.8849	.8869	.8888	.8907	.8925	.8944	.8962	.8980	.8997	.90147
1.3	.90320	.90490	.90658	.90824	.90988	.91149	.91309	.91466	.91621	.91774
1.4	.91924	.92073	.92220	.92364	.92507	.92647	.92785	.92922	.93056	.93189
1.5	.93319	.93448	.93574	.93699	.93822	.93943	.94062	.94179	.94295	.94408
1.6	.94520	.94630	.94738	.94845	.94950	.95053	.95154	.95254	.95352	.95449
1.7	.95543	.95637	.95728	.95818	.95907	.95994	.96080	.96164	.96246	.96327
1.8	.96407	.96485	.96562	.96638	.96712	.96784	.96856	.96926	.96995	.97062
1.9	.97128	.97193	.97257	.97320	.97381	.97441	.97500	.97558	.97615	.97670
2.0	.97725	.97778	.97831	.97882	.97932	.97982	.98030	.98077	.98124	.98169
2.1	.98214	.98257	.98300	.98341	.98382	.98422	.98461	.98500	.98537	.98574
2.2	.98610	.98645	.98679	.98713	.98745	.98778	.98809	.98840	.98870	.98899
2.3	.98928	.98956	.98983	$.9^2 0097$	$.9^2 0358$	$.9^2 0613$	$.9^2 0863$	$.9^2 1106$	$.9^2 1344$	$.9^2 1576$
2.4	$.9^2 1802$	$.9^2 2024$	$.9^2 2240$	$.9^2 2451$	$.9^2 2656$	$.9^2 2857$	$.9^2 3053$	$.9^2 3244$	$.9^2 3431$	$.9^2 3613$
2.5	$.9^2 3790$	$.9^2 3963$	$.9^2 4132$	$.9^2 4297$	$.9^2 4457$	$.9^2 4614$	$.9^2 4766$	$.9^2 4915$	$.9^2 5060$	$.9^2 5201$
2.6	$.9^2 5339$	$.9^2 5473$	$.9^2 5604$	$.9^2 5731$	$.9^2 5855$	$.9^2 5975$	$.9^2 6093$	$.9^2 6207$	$.9^2 6319$	$.9^2 6427$
2.7	$.9^2 6533$	$.9^2 6636$	$.9^2 6736$	$.9^2 6833$	$.9^2 6928$	$.9^2 7020$	$.9^2 7110$	$.9^2 7197$	$.9^2 7282$	$.9^2 7365$
2.8	$.9^2 7445$	$.9^2 7523$	$.9^2 7599$	$.9^2 7673$	$.9^2 7744$	$.9^2 7814$	$.9^2 7882$	$.9^2 7948$	$.9^2 8012$	$.9^2 8074$
2.9	$.9^2 8134$	$.9^2 8193$	$.9^2 8250$	$.9^2 8305$	$.9^2 8359$	$.9^2 8411$	$.9^2 8462$	$.9^2 8511$	$.9^2 8559$	$.9^2 8605$
3.0	$.9^2 8650$	$.9^2 8694$	$.9^2 8736$	$.9^2 8777$	$.9^2 8817$	$.9^2 8856$	$.9^2 8893$	$.9^2 8930$	$.9^2 8965$	$.9^2 8999$
3.1	$.9^3 0324$	$.9^3 0646$	$.9^3 0957$	$.9^3 1260$	$.9^3 1553$	$.9^3 1836$	$.9^3 2112$	$.9^3 2378$	$.9^3 2636$	$.9^3 2886$
3.2	$.9^3 3129$	$.9^3 3363$	$.9^3 3590$	$.9^3 3810$	$.9^3 4024$	$.9^3 4230$	$.9^3 4429$	$.9^3 4623$	$.9^3 4810$	$.9^3 4991$
3.3	$.9^3 5166$	$.9^3 5335$	$.9^3 5499$	$.9^3 5658$	$.9^3 5811$	$.9^3 5959$	$.9^3 6103$	$.9^3 6242$	$.9^3 6376$	$.9^3 6505$
3.4	$.9^3 6631$	$.9^3 6752$	$.9^3 6869$	$.9^3 6982$	$.9^3 7091$	$.9^3 7197$	$.9^3 7299$	$.9^3 7398$	$.9^3 7493$	$.9^3 7585$

この表は，ガットマン・ウィルクス著／石井恵一・堀 素夫訳「工科系のための 統計概論」培風館 (1968) より再録したものである．

付表 1-2　標準正規分布表
(パーセンタイル)

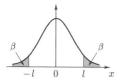

β	$l(\beta)$
0.40	0.253
0.35	0.385
(0.309)	0.500
0.30	0.524
0.25	0.674
(0.159)	1.000
0.15	1.036
0.10	1.282
0.05	**1.645**
0.025	**1.960**
(0.0228)	2.000
0.01	**2.326**
0.005	**2.576**
(0.00135)	**3.000**
0.001	3.090
(0.00003)	4.000

文献 [14] より再録.

付表 2　t 分布表

m＼β	0.25	0.125	0.05	0.025	0.0125	0.005	0.0025
1	1.00000	2.4142	6.3138	12.706	25.452	63.657	127.32
2	0.81650	1.6036	2.9200	4.3027	6.2053	9.9248	14.089
3	0.76489	1.4226	2.3534	3.1825	4.1765	5.8409	7.4533
4	0.74070	1.3444	2.1318	2.7764	3.4954	4.6041	5.5976
5	0.72669	1.3009	2.0150	2.5706	3.1634	4.0321	4.7733
6	0.71756	1.2733	1.9432	2.4469	2.9687	3.7074	4.3168
7	0.71114	1.2543	1.8946	2.3646	2.8412	3.4995	4.0293
8	0.70639	1.2403	1.8595	2.3060	2.7515	3.3554	3.8325
9	0.70272	1.2297	1.8331	2.2622	2.6850	3.2498	3.6897
10	0.69981	1.2213	1.8125	2.2281	2.6338	3.1693	3.5814
11	0.69745	1.2145	1.7959	2.2010	2.5931	3.1058	3.4966
12	0.69548	1.2089	1.7823	2.1788	2.5600	3.0545	3.4284
13	0.69384	1.2041	1.7709	2.1604	2.5326	3.0123	3.3725
14	0.69242	1.2001	1.7613	2.1448	2.5096	2.9768	3.3257
15	0.69120	1.1967	1.7530	2.1315	2.4899	2.9467	3.2860
16	0.69013	1.1937	1.7459	2.1199	2.4729	2.9208	3.2520
17	0.68919	1.1910	1.7396	2.1098	2.4581	2.8982	3.2225
18	0.68837	1.1887	1.7341	2.1009	2.4450	2.8784	3.1966
19	0.68763	1.1866	1.7291	2.0930	2.4334	2.8609	3.1737
20	0.68696	1.1848	1.7247	2.0860	2.4231	2.8453	3.1534
21	0.68635	1.1831	1.7207	2.0796	2.4138	2.8314	3.1352
22	0.68580	1.1816	1.7171	2.0739	2.4055	2.8188	3.1188
23	0.68531	1.1802	1.7139	2.0687	2.3979	2.8073	3.1040
24	0.68485	1.1789	1.7109	2.0639	2.3910	2.7969	3.0905
25	0.68443	1.1777	1.7081	2.0595	2.3846	2.7874	3.0782
26	0.68405	1.1766	1.7056	2.0555	2.3788	2.7787	3.0669
27	0.68370	1.1757	1.7033	2.0518	2.3734	2.7707	3.0565
28	0.68335	1.1748	1.7011	2.0484	2.3685	2.7633	3.0469
29	0.68304	1.1739	1.6991	2.0452	2.3638	2.7564	3.0380
30	0.68276	1.1731	1.6973	2.0423	2.3596	2.7500	3.0298
40	0.68066	1.1673	1.6839	2.0211	2.3289	2.7045	2.9712
60	0.67862	1.1616	1.6707	2.0003	2.2991	2.6603	2.9146
120	0.67656	1.1559	1.6577	1.9799	2.2699	2.6174	2.8599
∞	0.67449	1.1503	1.6449	1.9600	2.2414	2.5758	2.8070

この表は，P.G. ホーエル著／浅井 晃・村上正康訳「初等統計学」
(改訂版) 培風館 (1970) の t 分布表を一部改変のうえ再録したも
のである.

付表 3　χ^2 分布表

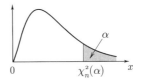

α / n	.995	.99	.975	.95	.90	.10	.05	.025	.01	.005
1	0.0⁴393	0.0³157	0.0³982	0.0²393	0.0158	2.71	3.84	5.02	6.63	7.88
2	0.0100	0.0201	0.0506	0.103	0.211	4.61	5.99	7.38	9.21	10.60
3	0.0717	0.115	0.216	0.352	0.584	6.25	7.81	9.35	11.34	12.84
4	0.207	0.297	0.484	0.711	1.064	7.78	9.49	11.14	13.28	14.86
5	0.412	0.554	0.831	1.145	1.610	9.24	11.07	12.83	15.09	16.75
6	0.676	0.872	1.237	1.635	2.20	10.64	12.59	14.45	16.81	18.55
7	0.989	1.239	1.690	2.17	2.83	12.02	14.07	16.01	18.48	20.3
8	1.344	1.646	2.18	2.73	3.49	13.36	15.51	17.53	20.1	22.0
9	1.735	2.09	2.70	3.33	4.17	14.68	16.92	19.02	21.7	23.6
10	2.16	2.56	3.25	3.94	4.87	15.99	18.31	20.5	23.2	25.2
11	2.60	3.05	3.82	4.57	5.58	17.28	19.68	21.9	24.7	26.8
12	3.07	3.57	4.40	5.23	6.30	18.55	21.0	23.3	26.2	28.3
13	3.57	4.11	5.01	5.89	7.04	19.81	22.4	24.7	27.7	29.8
14	4.07	4.66	5.63	6.57	7.79	21.1	23.7	26.1	29.1	31.3
15	4.60	5.23	6.26	7.26	8.55	22.3	25.0	27.5	30.6	32.8
16	5.14	5.81	6.91	7.96	9.31	23.5	26.3	28.8	32.0	34.3
17	5.70	6.41	7.56	8.67	10.09	24.8	27.6	30.2	33.4	35.7
18	6.26	7.01	8.23	9.39	10.86	26.0	28.9	31.5	34.8	37.2
19	6.84	7.63	8.91	10.12	11.65	27.2	30.1	32.9	36.2	38.6
20	7.43	8.26	9.59	10.85	12.44	28.4	31.4	34.2	37.6	40.0
21	8.03	8.90	10.28	11.59	13.24	29.6	32.7	35.5	38.9	41.4
22	8.64	9.54	10.98	12.34	14.04	30.8	33.9	36.8	40.3	42.8
23	9.26	10.20	11.69	13.09	14.85	32.0	35.2	38.1	41.6	44.2
24	9.89	10.86	12.40	13.85	15.66	33.2	36.4	39.4	43.0	45.6
25	10.52	11.52	13.12	14.61	16.47	34.4	37.7	40.6	44.3	46.9
26	11.16	12.20	13.84	15.38	17.29	35.6	38.9	41.9	45.6	48.3
27	11.81	12.88	14.57	16.15	18.11	36.7	40.1	43.2	47.0	49.6
28	12.46	13.56	15.31	16.93	18.94	37.9	41.3	44.5	48.3	51.0
29	13.12	14.26	16.05	17.71	19.77	39.1	42.6	45.7	49.6	52.3
30	13.79	14.95	16.79	18.49	20.6	40.3	43.8	47.0	50.9	53.7
40	20.7	22.2	24.4	26.5	29.1	51.8	55.8	59.3	63.7	66.8
50	28.0	29.7	32.4	34.8	37.7	63.2	67.5	71.4	76.2	79.5
60	35.5	37.5	40.5	43.2	46.5	74.4	79.1	83.3	88.4	92.0
70	43.3	45.4	48.8	51.7	55.3	85.5	90.5	95.0	100.4	104.2
80	51.2	53.5	57.2	60.4	64.3	96.6	101.9	106.6	112.3	116.3
90	59.2	61.8	65.6	69.1	73.3	107.6	113.1	118.1	124.1	128.3
100	67.3	70.1	74.2	77.9	82.4	118.5	124.3	129.6	135.8	140.2

この表は，文献 [14] より再録したものである．

索　引

169

著者略歴 (五十音順)

金川 秀也
かな がわ しゅう や
1984 年 慶應義塾大学大学院工学研究科
数理工学専攻博士課程単位取得
退学
現 在 東京都市大学名誉教授
工学博士 (慶應義塾大学)

川崎 秀二
かわ さき しゅう じ
1996 年 慶應義塾大学大学院理工学研究
科数理科学専攻単位取得退学
現 在 岩手大学理工学部准教授
博士 (工学) (電気通信大学)

堀口 正之
ほり ぐち まさ ゆき
2002 年 千葉大学大学院自然科学研究科
博士後期課程数理物性科学専攻
修了
現 在 神奈川大学理学部教授
博士 (理学) (千葉大学)

矢作 由美
や はぎ ゆみ
2000 年 津田塾大学大学院理学研究科数
学専攻後期博士課程単位取得退
学
現 在 東京学芸大学教育学部特任講師
博士 (理学) (津田塾大学)

吉田 稔
よし だ みのる
1985 年 大阪大学大学院数理系専攻博士
課程修了
現 在 神奈川大学情報学部教授
工学博士 (大阪大学)

2023 年 7 月 21 日 初版発行

応用に重点をおいた
確率・統計入門

著 者 金川秀也
川崎秀二
堀口正之
矢作由美
吉田 稔
発行者 山本 格

発行所 株式会社 培風館
東京都千代田区九段南 4-3-12・郵便番号 102-8260
電話 (03) 3262-5256 (代表)・振替 00140-7-44725

三美印刷・牧 製本

PRINTED IN JAPAN

ISBN 978-4-563-01035-5 C3033